"人与地球的明天"科普书系

破解"末日谜题"

地球的生命轨迹

北京地质学会　刘学清◎主编

程　捷◎著

中国科协繁荣科普创作资助计划资助
北京科普创作出版专项资金资助

北京出版集团公司
北京出版社

图书在版编目（CIP）数据

破解"末日谜题"：地球的生命轨迹 / 程捷著. —

北京：北京出版社，2012.5

（"人与地球的明天"科普书系）

ISBN 978-7-200-09239-4

Ⅰ. ①破… Ⅱ. ①程… Ⅲ. ①地球科学—普及读物

Ⅳ. ①P-49

中国版本图书馆CIP数据核字(2012)第059735号

"人与地球的明天"科普书系

破解"末日谜题"

地球的生命轨迹

POJIE"MORI MITI"

程捷 著

*

北 京 出 版 集 团 公 司

北　京　出　版　社　　出 版

（北京北三环中路6号）

邮政编码：100120

网址：w w w . b p h . c o m . c n

北 京 出 版 集 团 公 司 总 发 行

新 华 书 店 经 销

北 京 京 都 六 环 印 刷 厂 印 刷

*

880毫米×1230毫米　16开本　7.25印张　87千字

2012年5月第1版　2012年5月第1次印刷

ISBN 978-7-200-09239-4

定价：16.80元

质量监督电话：010-58572393

"人与地球的明天"科普书系
编委会

编委会主任：刘学清　赵　彤

编委会成员：邓乃恭　张　梅　李　佳

　　　　　　赵　佳　李　潇

　　"人与地球的明天"科普书系给我一个意外惊喜：一套优秀的地球科学科普丛书终于面世了，当前正好急需这种让人赏心悦目的精神食粮。

　　这套丛书无疑是经过精心策划的，内容充实，涵盖面广泛，语言生动，是集知识性、科学性、趣味性于一体难得的精品读物。

　　浩瀚宇宙、广袤地球是如此奇妙。一位哲人曾经说过："宇宙之真正奇妙正在于它竟是可以被人类认知的。"尽管仅经历了数百年的科学研究，人们的认知还很肤浅，但已经获得了众多举世瞩目、令人振奋的科学新知。例如，从星云说到宇宙大爆炸的宇宙成因说的确立；从太阳系和地球的形成演化，到生命和人类的进化和起源；从地球的多圈层构造，到大陆漂移、海底扩展和板块构造的证实；从地壳的岩石、矿物，到多姿多彩的地貌景观；以及令世人饱经忧患的地质灾害和地质环境等等。我们也感受到认识自然的艰辛与曲折，人类只有在不断否定和修正错误的过程中，才能得到真知灼见。"人与地球的明天"科普书系对这些方面都作了充分而生动的表述。

　　难能可贵之处更在于，丛书传达了当今人类最先进的自然观：只有一个地球——迄今人类赖以生存的唯一家园，人们应像爱护眼睛一样爱护地球；要了解地球、敬畏地球、热爱地球和感恩地球；践行"可持续发展"的科学理念，弘扬人类与自然和谐发展的精神。

　　因此，这套地球科学科普丛书是非常值得我们认真研读的好书。

欧阳自远

2012 年 5 月 22 日

欧阳自远，著名的天体化学与地球化学家，中国月球探测工程的首席科学家，被誉为"嫦娥之父"，中国科学院院士、第三世界科学院院士、国际宇航科学院院士。

目 录
MULU

宇宙与太阳系的起源 1
星光灿烂的宇宙 1
哈勃的发现 4
宇宙原来是很小的 6
太阳系的诞生 9

地球的诞生 13
地球的物质从何而来 13
地球的圈层是如何形成的 15
地球上的水来自何方 21

地球的年龄有多大 23
怎样才能测得地球的年龄 23
如何知道地球的过去呢 27
地球发展阶段的划分 29

灼热的婴儿时期——冥古宙 32
地球表面就是一个"火海" 32
炽热的大气 34
沸腾的海洋 35

荒凉的童年时期——太古宙 37
大气降温了 37
海洋——生命的摇篮 38
荒凉而孤独的陆地 40
活动起来的地壳 42

澎湃的青年时期——元古宙 43
陆地在长大 43
漂移不定的陆地 45
生命喧嚣的海洋 47
生命的宇航服——富氧的大气 49
"雪球"地球 52

辉煌的中年时期——显生宙 54
地球的"脾气"喜怒无常 54

MULU

大陆好聚好散吗	58
中国何时大江东流	61
走路去台湾	63
地球上的生命何时诞生	**67**
生命来自何方	67
最早的生命	69
地球早期的生命形式	**71**
地球的拓荒者——蓝绿菌	71
孤独的生命	73
生命在海洋中发展	**74**
灾难之后的海洋	74
澄江动物群化石	75
繁忙的海洋	77
鱼类的时代	80
生命的冒险——从海洋到陆地	**82**
谁最早登上陆地	82
最早登陆的动物	84
蕨类植物的发展时代	86
恐龙的时代	88
生物繁盛的新时代	93
人类的诞生	**95**
最早的人是什么样子	95
人为什么要站立	97
人类为什么会制造石器	98
人类的发展	100
地球的寿命有多长	**103**
谁决定了地球的命运	103
中微子能毁灭地球吗	105
地球的未来	107

宇宙与太阳系的起源

星光灿烂的宇宙

  在晴朗无月的夏夜，站在空旷的郊野抬头仰望无垠的天空，你会见到满天星斗，那是多么壮观的景象啊。它会震撼你的心灵，也会激起你的无限遐想。孩提时，很多人会在夏天的晚上数天上的星星，但数着数着就乱了，从来也没有数清过到底有多少星星。实际上，天上的星星多得数不清，我们现在能用眼睛看到的只是很少的一部分，还有很多很多的星星是无法用眼睛看到的，因为它们离地球太遥远了，以至于到达地球的光太微弱了。实际上，这些闪闪发光的星星就是恒星，像太阳那样不断地发出光，我们才能在夜间看到它们。白天，由于太阳光太强了，它们都被隐藏在了天空中。

  在这斑斓多彩的夜空，有一条乳白色的光带，它从南到北划过天空，

图1　观测银河（据巴巴克·塔弗莱希，2009）

银光闪闪，就像用白银镶嵌而成，那就是银河，也是民间传说的天河。在西方人的眼里，银河那淡淡的乳白色好似牛奶，因此他们把银河形象地称为"牛奶路"（the Milk Way）（图1）。

银河是银河系的简称，银河系非常庞大，大约由1400多亿颗像太阳这样的恒星，以及很多的行星、卫星等天体构成，形成一个旋涡状、扁平的天体系统，看起来有点像田径运动员掷的铁饼，它的直径有10万光年。光从银河系这边走到那一边要花10万年，光一秒钟能走30万千米，你可以想象银河系有多大。

我们说银河系非常大，但是与宇宙的大小比起来，那可真是小巫见大巫了。按照科学的定义，"宇宙"一词的意思是空间和时间的概念，"宇"是指空间的无边无际，而"宙"是指时间的无始无终，也就是说宇宙无边无际、无始无终。宇宙大到难以想象，有些科学家认为宇宙是没有边际的，"天边"在哪里？不知道。而有些科学家依据近代物理学理论，定义了一个可观宇宙的边界，认为从宇宙的边缘发出的光经历了 137 ~ 150 亿年后正好到达地球，那么这样一个区域就是可观宇宙的范围（图 2），半径约为 3×10^{25} 米。但也有人认为宇宙的范围可达 930 亿光年。为什么要把从宇宙边缘发出的光到达地球走过的时间定为 137 ~ 150 亿年呢？因为现今认为宇宙形成于 137 ~ 150 亿年

光有足够的时间可以到达我们的区域

10^{27} 厘米

我们

"可见的"

"视界"

图2 可观宇宙的定义
（据约翰·巴罗，1995）

前，而且是从一个很小很小的点（即奇点）开始膨胀形成的。宇宙是一个物质的世界，由恒星、行星、气体、尘埃、电磁波等形形色色的物质构成，还有暗物质。宇宙的总质量约为 10^{53} 千克，是太阳的 500 万亿亿倍，

巅峰档案

宇宙中的百慕大三角洲——黑洞

黑洞是由质量巨大的恒星经重力塌缩（超新星爆发）后，史瓦西半径小到一定程度时，所剩余的物质形成的。黑洞的吸引力极为强大，连垂直射出的光都无法逃脱，所以我们无法直接观测到黑洞，只能通过探测吸积作用（黑洞在吸引周围气体时所产生的辐射）来确定黑洞的存在。因黑洞有强大的吸引力，以至于在它周围的天体及物质都会被吸入，并且"有进无出"。据最新报道，在北京时间2011年6月20日，天文学家利用天文望远镜观测到了发生在38亿光年外黑洞"撕裂"恒星的现象。是一个质量约为太阳质量上百万倍的黑洞"撕裂"一个质量约等于太阳质量的恒星，并且释放了大量的能量。

密度为 9.59×10^{-30} 克/立方米，这比我们在实验室里获得的真空还要真空，这说明宇宙是非常空旷。其中恒星是宇宙的主体，主宰了宇宙的命运，它能发生核反应，因此能发光、发热，它的质量一般在 0.1～10 倍太阳质量之间。一颗恒星与行星组成一个小的天体系统，很多恒星组合在一起形成大的天体系统，如银河系、仙女座星系等就是巨大的天体系统。恒星与恒星之间距离很远，如果距离太近的话，巨大的质量会引发强烈的引力作用导致恒星毁灭，如离我们太阳系最近的一颗恒星是半人马座 α 星，约 4.3 光年。在宇宙中，有些部位的物质非常密集，密度非常大，大到光和物质难以逃脱它的引力魔爪，都被吸进去，那就是黑洞。最近有科学家提出了一个新理论——虫洞理论，认为黑洞把物质从一端吸入，而在另一端又喷出形成一个新宇宙，是一个宇宙通向另一个宇宙的通道。是否果真如此，有待今天的科学家发现和证实。

哈勃的发现

对宇宙充满好奇感的人会提出这些问题：宇宙是怎样形成的？何时形成？形成以后又是怎样发展的？它的形状如何？等等。要回答这些问题并非易事。

美国著名的天文学家埃德温·哈勃（图 3），在 1924 年分析一批造父变星（指亮度随时间呈周期性变化的恒星）的亮度以后断定，这些造父变星和它们所在的星云距离我们远达几十万光年，因而它们一定位于银河系外，也就是说在银河系之外还存在巨大的星系。1925 年，他还发现星系

图3 埃德温·哈勃

运动的一个重要规律，这些星系不仅在远离我们而去，而且距离我们越远，它的远离速度就越大。到了1929年，哈勃通过对46个河外星系的视向速度和距离的分析，得出星系的视向速度与距离之间大致呈线性正比关系，并可以用

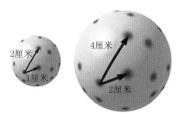

图4 膨胀的宇宙模拟示意图

公式 $v = H_0 \times d$ 表示，v为星系退行速度，H_0 为常数，d为星系距离。哈勃的这一发现改变了天文学家对宇宙的看法。哈勃的发现揭示了宇宙运动的基本规律，那就是宇宙处在不断的膨胀之中。这种膨胀是一种全空间的均匀膨胀（图4），因此在任何一点的观测者都会看到完全一样的膨胀，从任何一个星系来看，一切星系都以它为中心向四面散开，越远的星系间彼此散开的速度越大。哈勃发现的这一规律被称为哈勃定律。

巅峰档案

星系的运动规律——红移

对红移的解释，简单来说就是假设以地球为中心，任何远离我们的天体发出的光谱向长波（红）端移动的现象。用生活中的现象来说就是当你不动时，朝向你运动的物体发出的声调会越来越高，而背向你运动的物体发出的声调会越来越低，因为其声调被拉长了。如鸣笛的列车从你身边经过时听到的鸣笛声的变化。红移现象的存在说明了星系正在远离我们。在1929年，天文学家哈勃通过观测确认了这一现象的存在，并且提出星系红移的增大与其距地球的距离的增大是成正比的，这也就说明了我们的宇宙正在膨胀中。相应地，与红移相反的现象是蓝移。红移和蓝移统称为多普勒效应。

宇宙原来是很小的

哈勃的发现很了不起，促使人们的现代宇宙观发生了根本性的改变。其实，宇宙膨胀并不是哈勃最早提出的，在哈勃发现星系运动的红移现象之前的几年，一位比利时天文学家勒梅特，用爱因斯坦的引力方程计算得出：宇宙在时空上应当是膨胀的，否则宇宙就会在引力的作用下毁灭。可以说这是最早提出宇宙膨胀论观点的人，而哈勃的发现为宇宙膨胀论提供了有力的佐证，使人们真正接受了这一观点。

勒梅特当时提出的宇宙膨胀理论还不完善，只是描述了宇宙当前的状态，并没有解释宇宙为什么膨胀？是一个怎样的膨胀过程？从什么时候开始膨胀？等等。这些问题并没有得到很好的解释。后来，勒梅特经过苦心研究，终于在1932年提出了宇宙大爆炸（the Big Bang）理论。在他的理论中是这样描述的：整个宇宙最初的大小如"原子"，后来发生了大爆炸，物质碎片向四面八方散开，形成了宇宙，这就有点像吹气球的膨胀过程。后来，美籍俄裔天体物理学家伽莫夫第一次将广义相对论融入到宇宙理论中，在20世纪40年代提出了热大爆炸宇宙学模型：宇宙开始于高温、高密度的原始物质，最初的温度超过几十亿摄氏度，就像

是一个极热的"火球"，"火球"爆炸（图5），宇宙开始膨胀，物质密度逐渐变稀，温度也逐渐降低，直到今天的状态。

根据宇宙大爆炸理论，宇宙的开始和发展过程是这样的（图6）：宇宙源于大爆炸，在大爆炸发生的那一刹

图5 根据勒梅特的理论，宇宙诞生于一场大爆炸

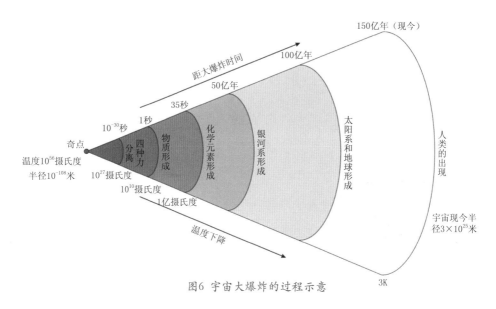

图6 宇宙大爆炸的过程示意

那，温度高达 10^{32} 摄氏度，自然的四种力（引力、电磁力、强力、弱力）统一在一起；大爆炸后 10^{-30} 秒，四种力分离和物质形成；在大爆炸后0.01秒，宇宙的温度大约为1000亿摄氏度，物质存在的主要形式是电子、光子、中微子，此后物质迅速扩散，温度迅速降低；在大爆炸后1秒钟，温度下降到100亿摄氏度；大爆炸后14秒，温度约30亿摄氏度；35秒后，为3亿摄氏度，化学元素开始形成。温度不断下降，物质不断形成，宇宙间弥漫着气体云，它们在引力的作用下发生聚集，大约在大爆炸后20亿年，形成恒星系统；大约在大爆炸后100亿年，形成太阳系和行星，经过演化成为今天的宇宙。根据爱因斯坦的广义相对论，随着宇宙的膨胀，其温度也不断下降，经过了近150亿年的膨胀，那么现今宇宙的背景温度应该为3K（零下270摄氏度）。虽然我们把这个理论称为宇宙大爆炸，其实它与日常生活中的爆炸概念完全不一样，并不像炸药爆炸那样炸开，而是非常快速地膨胀，把物质推向四面八方，因此有科学家建议用宇宙膨胀的概念更为准确。

按照宇宙大爆炸理论，如果我们逆着宇宙膨胀的方向不断追索下去，沿着时间回溯，我们一定能遇到宇宙的"开端"，那是一种什么样的状态呢？根据爱因斯坦的广义相对论，宇宙"开端"的状态非常"奇怪"，用一般的物理定律是难以解释的，也许是这样，把宇宙的开端称为奇点。英国的著名物理学家霍金对奇点进行了描述，在宇宙奇点，时间为 1.4006×10^{-74} 秒，空间半径为 1.4868×10^{-108} 米，宇宙的体积为 3.44×10^{-324} 立方米，奇点的温度为 9.39×10^{56} 摄氏度，时空球面的曲率为 4.52284×10^{215}，物质密度为 1.44477×10^{48} 千克／立方米，能量密度为 3.251×10^{114} 焦耳／立方米，时空为零，宇宙体积为零，物质密度、奇点温度、时空曲率都出现了无穷大，宇宙小到难以想象。此时宇宙中的物质只有反普朗克力子，反普朗克力子以 1.5×10^{33} 米／秒的反速度，是光速的 5×10^{24}（亿亿亿）倍，由反宇宙一秒钟的空间里经奇点向宇宙空间运动，因其速度太大，从而引发宇宙在奇点处大爆炸，物质抛向四周，空间和时间也从此开始，我们的宇宙就此诞生了（图7）。

图7 宇宙自诞生之日起就开始膨胀，把物质推向四面八方

支持宇宙大爆炸理论的证据主要有以下几点：1. 从地球的任何方向看去，遥远的星系都在离开我们而去，因此可以推出宇宙在膨胀，且离我们越远的星系，远离的速度越快，这就是我们所说的"红移现象"；2. 根据大爆炸学说，宇宙因膨胀而冷却，

现今的宇宙中仍然应该存在当时产生的辐射余烬，1965 年，3K 的宇宙微波背景辐射被测得；3. 氢氦元素的丰度吻合理论估算，这被称作宇宙大爆炸遗产。在 2000 年 12 月份的英国《自然》杂志上，天文学家们又发现了新的证据，可以用来证实宇宙大爆炸理论：他们在分析了宇宙中一个遥远的气体云在数十亿年前从一个类星体中吸收的光线后发现，其温度确实比现在的宇宙温度要高。分析发现，背景温度约为零下 263.89 摄氏度，比现在测量的零下 273.33 摄氏度的宇宙温度要高。

太阳系的诞生

我们虽然处在太阳系（图 8），但对太阳系的起源还不太清楚。太阳系起源是一个科学难题，目前一个普遍接受的观点就是星云集聚说，但是这些星云是怎样聚集的呢？又是如何形成行星的？说法就不一致了。不管如何，太阳系的形成与宇宙的演化过程是分不开的，是宇宙演化发展到一定阶段的产物。

宇宙经过大约 100 多亿年的演化和发展，

图8 太阳系

形成了一些巨大的恒星（图 9），而在某些区域保留有由宇宙大爆炸遗留下的一些星云，这些星云的密度非常低，如果没有外界动力的驱使，它们是很难发生聚集形成恒星之类的天体。宇宙中形成的巨大恒星拥有很高的质量，是好几倍太阳的质量，因而产生强大的引力作用，使物质

图9 恒星形成示意图

向恒星的中心聚集，在聚集的过程中把势能转化为热能，使恒星的温度迅速升高，极高的温度为原子发生核聚变反应创造了条件。这些巨大恒星的核聚变反应非常猛烈，在核聚变的同时产生大量的热量，形成向外的膨胀力以抵消引力作用。如果核聚变反应过于猛烈，产生的膨胀力大

图10 仙女座超新星爆发（据NASA）

大超过了恒星本身的引力作用的话，这时恒星向外抛射出大量的物质，这颗恒星将会迅速解体，这就是超新星爆发（图10）。超新星爆发时，抛射物质的速度可达10000千米/秒，光度最大时超新星的直径可大到相当于太阳系

的直径。1970 年观测到的一颗超新星，在爆发后的 30 天中直径以 5000 千米 / 秒的速度膨胀，最大时达到 3 倍太阳系直径。超新星爆发后，抛射出来的物质在这颗恒星周边形成一个美丽的光环。所有这种光环的存在是超新星爆发的标志。

超新星爆发产生强烈的冲击波，如果在这颗超新星爆发的周边存在大量星云的话，那么在它的冲击波的作用下，星云会发生坍缩，并聚集起来形成恒星和行星。太阳系的形成就与约 50 亿年前的一次超新星爆发有关。

星云在受到超新星爆发的冲击波作用下，如何聚集成太阳系有不同的假说，如康德星云说、拉普拉斯星云说、霍伊尔—沙兹曼假说、施密特俘获说等。虽然太阳系形成的假说有多种，归纳起来可分三类：一是星云假说（图 11），也是目前比较流行的观点，认为太阳、行星、卫星形成于同

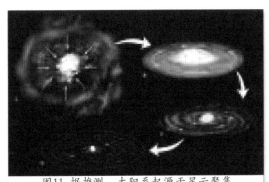

图11 据推测，太阳系起源于星云聚集

一个星云物质，在引力的作用下开始收缩聚集，中心聚集形成太阳，外边的星云聚集形成行星环，行星环中的物质再集聚形成行星；二是俘获假说，这种假说认为太阳先于行星和卫星形成，后来太阳穿过银河系的星云时俘获了一些星际物质形成行星和卫星；三是灾变假说，它认为太阳形成较早，后来一颗恒星从太阳中吸引出来一部分物质或被撞击出来一部分物质形成行星和卫星。

即将诞生的超新星——船底座伊塔星

　　船底座伊塔星（图12）是银河系中一颗神秘的、极其明亮而且很不稳定的恒星。1838～1858年，船底座伊塔星出现过一次大爆发，这次爆发共喷射出相当于太阳质量10多倍的物质，亮度足以与天狼星匹敌，成为天空中最亮的恒星。这次爆发并未导致船底座伊塔星的毁灭，但自从1940年它再次变亮，显示出即将爆炸的迹象，科学家认为船底座伊塔星将在1万年～2万年内引爆，变成超新星。

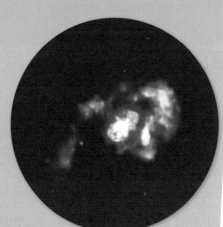

图12 船底座伊塔星爆炸

　　通常情况下，超新星爆发对地球生命的威胁很小，但这个离地球最近的恒星爆发却是例外，其爆发物可能距离地球仅30光年甚至更近。而且，它的质量是太阳质量的150倍，足可以引发一次剧烈的爆炸。不难想象，如果这颗神秘的恒星一旦发生爆炸，爆炸产生的高强度的光线可能导致地球面临诸多危险：强烈的辐射可能冲散太阳系周围空间的星际间粒子，使地球遭受毁灭性的辐射震荡；地球上空臭氧层被破坏，使地球上的生物受到强烈影响。

地球的诞生

地球的物质从何而来

根据现今的科学研究，地球与太阳基本上是同时形成的，是在太阳系的形成过程中逐渐形成的。依据太阳系起源于银河系中的一团原始星云的假说，那么构成地球的最初物质也是来源于原始星云。原始星云主要由气体构成，而固体物质很少，如果按照质量计算的话，气体要占到98%左右，而固体物质还不足2%。在气体物质中，又以氢和氦为主，如今的宇宙氢和氦分别占到了77.2%和20.9%，在太阳系中，它们也分别占到70%和27%。可见我们的宇宙就是一个氢和氦的世界。地球上的原始物质来源于宇宙星云，但现今的地球物质组成与星云的成分差别极大，地球上的氢和氦所占比例还不到1%，几乎见不到星云物质的痕迹。

地球形成的最初期是一个星子吸积过程，这些星子就是由星云中微

图13 星子吸积过程示意图（据http://www.cosmosmagazine.com/）

粒物质在引力作用下相互吸引在一起形成的小团块，其实这些星子就是流星体。星子再相互吸引，大的星子"吃掉"小的星子（图13），不断碰撞、不断吸积，体积不断增大，直至地球的形成。其实在星子吸积形成地球的过程中，就是一个陨石相互撞击的过程，所以在地球形成的最初阶段，陨石撞击非常频繁。

在太阳系中，不同的行星物质组成的差别比较大，像水星、金星、地球、火星，它们的物质组成比较相似，是以固体的岩石物质构成为主，把它们称为类地行星，处在太阳系的内圈；而木星、土星以气体为主，把它们称为类木行星，处在太阳系的外圈，当然还包括天王星和海王星，但在物质组成上它们与木星和土星还是有明显的不同的。虽然这些行星的初始物质来源相同，但形成了现今物质构成完全不同的行星，这与太阳系的演化密切相关。一些轻的气体物质在太阳系的旋转过程中，不断向外扩散并在太阳系的外圈聚集形成类木行星，而重的固体物质不易向外扩散，在内圈聚集形成了类地行星。

　　陨石还有一个"孪生妹妹"——陨冰。陨冰是彗核的表面溅射出的一些碎冰块，其成分是以水冰为主的冰物质，夹杂着一些尘埃物质。当彗星（图14）在太阳系中运行时，受迎面而来的流星体的撞击，就会从彗核的表面溅射出一些碎冰块，那就是陨冰。陨冰与陨石一样，原先都是游荡在太空、绕太阳转动的"精灵"，只是有时它们一不留神，闯进了地球引力的"陷阱"，才被迫改变轨道落向地面。但是陨冰比陨石更为罕见，并且外表与普通冰相似，如果发现得不及时，

图14 彗星(据http://baike.soso.com/v6331.htm)

不妥善保存，也许将隐姓埋名无人认知。因而截止到20世纪，已得到确认的陨冰非常少。

地球的圈层是如何形成的

　　由星子吸积形成的初始地球与现今的地球有很大的不同，它是均质的，它的成分与陨石成分差不多，并不像今天的地球具有地核、地幔、地壳这样的圈层结构以及各个圈层的成分差别。

初始地球的体积可能比现今大，受到自身引力作用的影响，吸积在一起的星子自然会向中心聚集，使地球的体积逐渐缩小，内部的压力也不断增大。在这个过程中，地球的一部分势能也不断转化为热能，同时放射性元素蜕变和陨石撞击也能给地球带来一部分热量。因此，尽管原始星云物质是冷的，但在这些热量的作用下，地球内部的温度会升高，导致地球内部的局部地方因温度过高而发生物质熔融。熔融状态的物质与固态物质就不一样了，密度大的物质向下沉，而密度小的物质向上浮，甚至喷到地球的表面。那些向下沉的物质逐渐增多，并向地心聚集形成地核，而向上浮的物质在地球的表面聚集形成了地壳，中间那部分物质就成为了地幔（图15）。

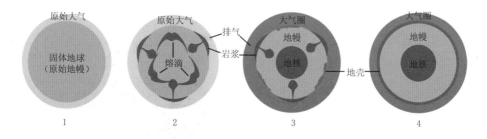

图15 地球圈层的形成过程（据程捷）

从地球内部喷到地表的物质不仅仅是液态的，还有不少是气态物质，如水蒸气、二氧化碳、二氧化硫等，它们受地球引力作用而聚集在地球的表层，与原始的气体混合在一起构成了大气圈。后来，随着地球大气温度的下降，大气中的水蒸气凝聚并降落到固体地球的表面，在低洼的地方聚集形成了液态水，成为水圈的一部分。再后来，随着水环境的改变，生命首次在原始海洋中出现，后来登上了陆地，最终出现了完整的生物圈。

今天我们把地球的结构分为两大部分（图16）：地球的内部（固体地球）和地球的外部。地球的内部包括地壳、地幔、地核三大圈，它们之间的界线是比较清晰的。地球的外部包括大气圈、水圈和生物圈，它们之间是相互渗透的，如大气圈中有水和生物，水圈中有气体和生物，因此它们之间没有明确的界线。

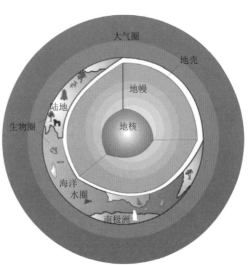

图16 地球的圈层构成（据程捷）

地壳是固体地球的最外一层，它的顶界就是我们脚踩到的地球，或深海海底，而底界为莫霍面。虽然地壳是包裹在固体地球外面的一个连续的圈层，但在大陆上和大洋中的地壳差别非常大，因此把地壳分为大陆地壳和大洋地壳。大陆地壳平均厚度约33千米,最厚的可以达75千米,如喜马拉雅山地区,大陆地壳目前还保存有40多亿年前形成的地壳。而大洋地壳平均厚度约7000米,目前几乎没有早于2亿多年前的大洋地壳,因此大洋地壳很年轻。地壳与人类的关系非常密切，如我们吃的粮食是种在地壳上，饮用的地下水是保存在地壳中，居住的房子是建在地壳上，大多数地震发生在地壳中，我们用的油、气、煤，以及金、银等金属也是从地壳中开采出来的，而地壳只占地球体积的1.55%。

地幔位于地壳以下，到深度2885千米的范围，它的下部界面称为古登堡面。地幔占地球体积的82.3%，是地球构成的最主要部分。地核

图17 地球的磁场（据http://www.
southcn.com/tech/kp/discovery）

是从古登堡面到地心，占地球体积的16.2%，但质量却占到地球的31.3%，可见地核的密度很大，据探测为9.98 ~ 12.5克/立方厘米，它主要由铁、镍组成，可能含少量的硅、硫等轻元素。地核的外部是液态的，在这个液态的外核中存在一些涡流运动，一个涡流形成一个电磁场，很多的电磁场叠加在一起就形成了地球的磁场（图17）。

地球磁场是一个看不见的地球生命的保护伞，它阻挡了太阳风吹来的大量带电粒子。吹向地球的太阳风，

图18 极光

使地球磁场的形态发生了强烈变化，可见其威力有多大。这些粒子对生命具有很强的杀伤力，如果地球上的生命暴露在太阳粒子之下很快就会被杀死。我们很幸运，地球磁场屏蔽了大量粒子，少量粒子进入地球磁场后，沿着磁力线运动到极地并释放形成了五彩缤纷的极光（图18）。如果带电粒子撞上氮气就发出紫、蓝、红色的光，若撞上氧原子就发出绿光，若撞上氖气就发出橘黄色光。

　　不论是从结构，还是从厚度的比例来看，现今的固体地球很像是一个鸡蛋，地壳可以比喻成蛋壳，地幔就是蛋清，而地核像是蛋黄。

　　地球的大气圈是地球最外部的一个圈层，它对地球表层环境起着非常重要的保护作用，没有大气圈生命将无法生存。初始的大气圈成分与宇宙中其他天体一样，以氢、氦为主，由于氢、氦气体容易向外层空间逃逸，在太阳风的作用下很快就消失了。随着地球的排气作用（火山喷发），二氧化碳、水蒸气、氮气等在大气圈中逐渐累积起来，改变了初始大气圈的成分。后来，光化学作用和生物的光合作用，氧气在大气中的含量逐渐增高，从而把原来的还原酸性大气改变为富氧的氧化环境。从固体地球表面到高空，大气圈的成分、温度、大气运动等方面都发生明显的变化，这样就把大气圈从下而上划分为对流层、平流层、中间层、暖层、散逸层（图19）。其中对流层的变化最多，也很不稳定，刮风、下雨等天气现象都发生在这个层中，干旱带与降雨带的分布也受该层大气运动的影响。比如在中国东部，夏季刮东南风，湿润多雨水，而在冬季，刮西北风，干旱少雨水，尤其在北京地区这一现象非常明显。这是由于中国处在亚洲大陆与太平洋之间，陆地与海洋的热力差导致对流层中大气运动方向在不同季节发生变化。夏季来自太平洋的东南风是湿润的大气，而冬季来自西伯利亚的西北风是干燥大气，因此气候出现了季节上

的变化，这就是季风，由于位于东亚地区故称东亚季风。季风在世界的
其他地区也是存在的，如在印度、西非、澳大利亚等地。

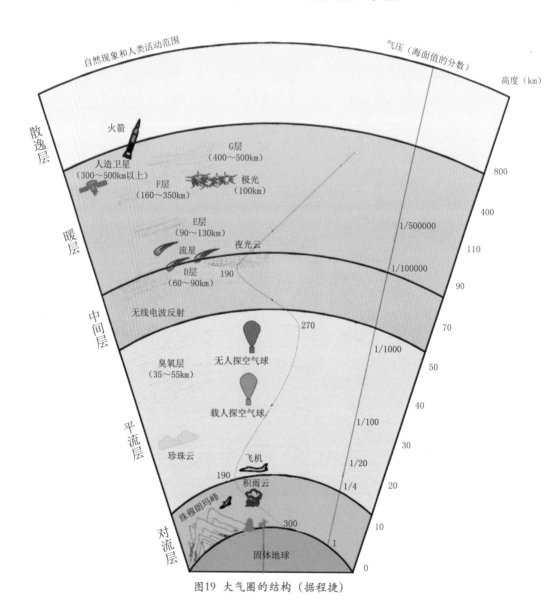

图19 大气圈的结构（据程捷）

地球上的水来自何方

地球上的水来自何方？李白在《将进酒》中有这样的诗句：君不见，黄河之水天上来，奔流到海不复回。其实，他的诗句说的是地表水的循环，并没有回答水的来源问题。对于那个时代来说，还难以弄清楚地球上水的初始来源问题。根据现今的科学研究，地球上的水可能存有三个方面的来源。其中的一种观点认为，水来源于地球的内部，通过排气作用将地球内部的水运移到地表。火山喷出的气体中有 75% 是水蒸气，如美国阿拉斯加有一座叫 "万烟谷" 的火山，在每年喷出的气体中，水汽就有 6600 万吨。在地球形成的早期，火山喷发作用在地球表面到处可见，因此排气作用是非常强烈的，将地球内部的水大量带出（图 20）。从地球形成到现今，发生了多少次火山喷发无法统计，但可以肯定的是这个过程从地球内部的确释放出大量的水。据科学研究，现今全球海洋中的水量只有地幔中保存水量的 1/16，还有 15/16 的水没有释放出来，如果这些水都释放出来的话，我们的地球将成为 "水球"。当然，这些水要完全释放出来很不容易，因为它是以分子的形式存在于矿物和岩石中，不

是以自由流动的水体存在。

另一种观点认为，在陨石的撞击过程中，陨石汽化也能释放出一部分水来。科学家对组成地幔的球粒陨石进行分析，发现含有 0.5% ~ 5% 的水，最多的可达 10%。如果当初组成原始地球的陨石，只要有 1/800 是这些球粒陨石的话，那么就足以形成今天的地球水圈。

还有一种观点认为，彗星或冰陨石撞击到地球也能带来一部分水。彗星的彗核由固体的冰（水、二氧化碳）组成，其质量在 10^{10} ~ 10^{16} 千克，如哈雷彗星的质量为 1.5×10^{14} 千克，其水量也是可观的。据科学家估计，地球一年之中可从冰陨石获得 10 亿吨的水。如果估算正确的话，在近 46 亿年的地球历史中，可获得巨量的水。

上面有关地球上水的三种来源解释，都有一定的事实根据，但也存在一定的片面性。地球上的水到底是哪里来的？随着科学技术的发展，我们一定能找到最终答案。

图20　火山喷发

巅峰档案

排气作用

在地球形成过程中，地球内部的部分物质发生了熔融，这就使得保存于矿物和岩石中的水脱离出来，并通过火山喷发以气态的形式喷出地表进入大气圈，这个过程被叫做排气作用。大气中水汽后来随着大气降温而凝结成水滴，最终落到地面上，形成涓涓水流，在低洼处会聚成海洋。这种排气作用在现今火山喷发过程中可以直接观察到。

地球的年龄有多大

怎样才能测得地球的年龄

130 岁，是目前人类最长的寿命。而人类栖居的地球，现在年龄是多大呢？我们的前辈为了得到这个答案进行了各种尝试，不同的人得出的答案有惊人的差异。

从神学角度，爱尔兰大主教詹姆斯·厄谢尔（James Ussher，1581 ～ 1656）推算出《圣经》的创世记时间是公元前 4004 年，而牛津大学的副校长詹·莱特富特（John Lightfoot）得到更确切的时间，公元前 4004 年 10 月 23 日上午 9 点；从地球科学角度，罗伯特·坎森（Robert McCanslon）根据美国与加拿大交界的尼亚加拉瀑布悬崖向上游移动的速度和距离推断出地球的年龄为 5700 年，威廉姆·卡瑞（William McClary）用类似理论估算地球年龄为 55440 年；从海洋中盐的累计角度，英国著名的天文学家埃德蒙多·哈雷（Edmond Halley，1656 ～ 1742）1715 年提出海洋中盐的累计时间就是地球的形成时间这一思路，詹·乔伊（John Joly，1857 ～ 1933）用此理论推算出地球年龄为 1 亿年；从热力学角度，法国博物学家乔治·布丰（George Buffon）利用散热理论推算出地球年龄约 75000 年，英国著名物理学家威廉·汤姆逊（William Thomson，1824 ～ 1907）采用傅里叶热传导理论推算出地球年龄分别为 4 亿年、1 亿年、0.5 亿年、0.2 ～ 0.5 亿年以及 0.24 亿年；从沉积岩的厚度角度，地质学家约翰·菲利普斯（John Phillips）通过测量侵蚀速率，结合地质图计算所有沉积岩厚度，推算出地球年龄约 9600 年，其他学者采用同一理论推算出的年龄都小于 1 亿年。这些方法在估算地球年龄方面进行了开拓性的尝试，但存在诸多问题，最终没有真正解决地球年龄这一难题。

直至 19 世纪末，放射性元素的发现为解决这一难题带来了曙光。1896 年，法国物理学家亨利·贝克勒尔（Henri Becquerel，1852 ～ 1908）发现铀能释放出射线，1898 年居里（Pierre Curie，1859 ～ 1906）和居里夫人（Marie S. Curie，1867 ～ 1934）（图 21）发现了钋和镭也具有释放

图21 居里夫人和卢瑟福

射线的现象，居里夫人把这种现象称为放射性。科学家通过标本的放射性同位素测年，最后得到地球的年龄为 45.5 ～ 45.7 亿年。

放射性元素确切地说应为放射性核素，是指够自发地从原子核内部放出粒子或射线，同时释放出能量的元素。自然界中有些元素的同位素具有放射性，当该同位素释放出粒子或射线时会蜕变为另一种元素，这一过程叫做放射性衰变。科学研究还发现，每一种放射性同位素从原来的核（母体）衰变成新的核（子体）的速度是一定的，该种放射性元素的原子核有半数发生衰变时所需要的时间称为半衰期。利用放射性元素的这种性质，可以比较准确地记录下岩石形成的时代，这种利用放射性同位素测得的年龄叫同位素年龄。

图22 从月球遥望地球

比如我们测得某块岩石标本的某种放射性元素的残留原子核（母体），也测量出衰变形成的新原子核（子体），如果知道了这种放射性的半衰期，那么就很容易计算出来放射性元素经历了多长时间的衰变，衰变时间就是这块岩石的形成时间。不同放射性同位素的半衰期长短不一，从几十亿年到亿分之一秒，半衰期越长的同位素，可测得的年龄就越长。目前常用的方法有铀-铅法、钾-氩法、氩-氩法、碳十四法等，根据具体情况选择不同的测年方法，如碳十四法在考古中应用广泛。

前文提到科学家利用放射性元素测得地球的年龄近46亿年，那么如何利用这一方法得知的呢？继1898年居里夫人提出放射性这一概念之后，英国物理学家欧内斯特·卢瑟福（Ernest Rutherford，1871～1937）（图21）发现放射性元素的衰变具有一定规律性，并用镭和氦计算了地球岩石的年龄约为 5 亿年，开创了放射性元素测量地球年龄的先河。罗伯特·斯特拉特（Robert Strutt，1875 ～ 1947）对卢瑟福的测年方法进行分析发现用氦测年的缺陷，获得的只是岩石的最小年龄。为了克服这一不足，斯特拉特的学生霍尔姆斯（Arthur Holmes，1880 ～ 1965）耗费毕生精力，最终解决了同位素分离等问题，实现了地球年龄的同位素测量方法，测得比较可靠的地球岩石年龄，因此他被誉为"地质年代之父"。

随后，科学家们分别用地球上的岩石和陨石，通过不同的放射性元素的测年，对地球年龄有了新的认识。目前测得最老的岩石年龄为加拿大测得的 42.8 亿年，但这只能表示地球早期岩浆冷凝结晶形成岩石时的年龄，即地壳形成的年龄。从第二章中我们了解到地球的形成过程是地球星子吸积，因此这些"星子"（陨石）的年龄才是地球的真实年龄。科学家通过测量降落到地球上的陨石和取自月球表面的岩石测年标本（图 22），两种途径测得的年龄都在 45.5 ～ 45.7 亿年。因此，通过放射性元素测年得知地球的年龄为 45.5 ～ 45.7 亿年。

图23 科罗拉多大峡谷地层（据http://www.lvyou114.com）

如何知道地球的过去呢

上一小节我们了解到地球的年龄有近46亿年。曾经一望无际的大海，如今却是高大的山脉；曾经生物繁茂的热带森林，如今却是生命稀少的冰天雪地或沙漠。地球曾发生过什么故事，我们从何而知？

图24 层状岩石

地质学中有一著名理论——"将今论古"，利用现今的地质作用规律反推古代地质事件发生的条件、过程及特点。我们就是根据这一理论了解地球的过去。记录地球变化的信息主要来于地层。地层对大家来说并不陌生，我们看到山上层层叠叠的岩石，湖泊、河流、海洋里沉积形成的那些沉积物，这些都是地层（图23）。用地质专业术语来说，地层就是地质历史时期形成的层状岩石（图24）。地层就如同一本展现地球历史的"书"，详细地记录着逝去的岁月。今天我们看到的地层是有变化的，比如地层的颜色不同，有红的、绿的、黄的、灰的；地层碎屑颗粒大小不同，有砾石、砂、黏土；有含化石的，有不含化石的；这些都能反映形成时的环境特点。比如红颜色的地层显示当时氧化条件比较强，气候炎热，而绿颜色的地层说明当时是还原条件，氧化条件弱；大的砾石说明当时水流的速度比较大，而黏土表明当时水流很慢；如果地层中夹有一层火山灰表明当时这里发生过火山爆发。通过甄别这些细小的变化，或者进

巅峰档案

查尔斯·莱伊尔与《地质学原理》

图25 查尔斯·莱伊尔

  《地质学原理》是莱伊尔（图25）的主要著作，初版分三卷，从第四版开始分四卷。第一卷主要讲述了地质学的发展史和地质现象的变化原理，第二卷和第三卷分别论述了无机界和有机界正在发生的一些地质变化，第四卷为地质学的基本内容。

  在书中莱伊尔提出了地质学中非常重要的一种观点"均变论"，他认为地质作用的过程始终是缓慢的，逐渐发生变化的，无论在地质历史时期还是现在，地质作用的方式和结果都是一样的。所以地球在历史时期的发展变化，只能通过现阶段的地质作用的过程来推测。"均变论"的观点奠定了现代地质学的基础。

行取样分析，我们就能恢复地球的历史。

  前文提到利用"将今论古"理论知道地球的过去，那么我们该如何理解这一理论？"将今论古"也称为"历史比较法"或"现实主义原则"，首先由英国地质学家詹姆士·赫顿（Jamez.Hutton，1726～1789）提出，随后现代地质学的奠基人英国的查尔斯·莱伊尔（Charles Lyell，1797～1875）在他的著名著作《地质学原理》中对该理论进行了系统的阐述。简单而言就是前文提到的"利用现今地质作用的规律，反推古代地质事件发生的条件、过程及特点"。比如，在现今的干旱地区的湖泊中有盐类沉积，中国的新疆就是这样，如果在某地的湖泊沉积物中发现一层盐类沉积，那么我们可以推断该地在那层盐类沉积时气候是非常干旱的。这一理论听起来很简单，但在实际应用中很复杂。

地球发展阶段的划分

漫长的地球历史时期，地球的表层发生了巨大的变化，不同时期的地球环境（如海陆分布、生物特征、气候、地貌形态等）有显著的不同。地质学家根据这些不同将地球的演化历史划分出不同的阶段，并编制了一张地球演化历史的年代表（图26）。

相对地质年代			同位素地质年龄/Ma	生物演化	
宙(宇)及代号	代(界)及代号	纪(系)及代号		生物演化事件/Ma	代表种类
显生宙(宇)PH	新生代(界)Cz	第四纪(系)Q	1.8或2.6	←人类开始制造石器(2.6) ←人类出现(4.5)	
		新近纪(系)N			
		古近纪(系)N	23.03		
	中生代(界)Mz	白垩纪(系)K	65.5	←恐龙灭绝(65)	
		侏罗纪(系)J	145.5		
		三叠纪(系)T	199.6	←哺乳动物出现(200)	
	古生代(界)Pz	二叠纪(系)P	251.0	←生物大灭绝(251)	
		石炭纪(系)C	299.0		
		泥盆纪(系)D	359.2	←动物登陆(400)	
		志留纪(系)S	416.0	←植物登陆(420)	
		奥陶纪(系)O	443.7		
		寒武纪(系)∈	488.3		
			542.0	←原始脊椎动物出现(520)	
元古宙(宇)PT	新元古代(界)NP	震旦纪(系)Z	680		
		南华纪(系)Nh	850	←后生动物出现(800)	
		青白口纪(系)Qb	1000	←后生植物出现(900)	
	中元古代(界)MP		1600		
	古元古代(界)PP		2500	←真核细胞生物出现(1900)	
太古宙(宇)AR			4000	←菌藻类化石记录(3500) ←生命起源(3800)	
冥古宙(宇)HD			4600		

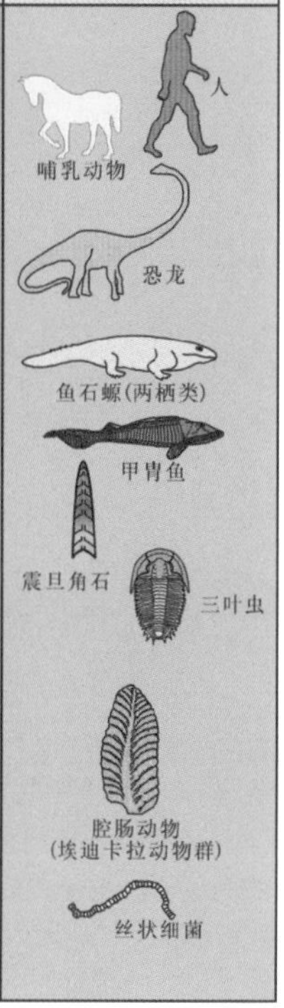

图26 地质年代表

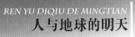
　　要编制地球演化历史年代表，首先遇到的是如何划分时间阶段。在地球的悠悠岁月里，地球表层环境的变化因时间跨度不同而显著不同，因此地质学家选用了长短不一的时间单位来反映各个时期的特征，这个时间单位称为地质年代单位。它从长到短依次划分为：宙、代、纪、世、期、时6个不同级别。宙是最长一个级别，长达几亿年到十几亿年，时是最低的级别。时间单位中高一级别的单位包含若干低一级别的单位，类似于现在的一年里划分为月、日、时、分、秒。

　　年代地层单位，对应上述抽象的时间划分，每个时期内都会形成相应的地层，把它们分别称为宇、界、系、统、阶、带。简单来说，在宙

这个时期形成的地层就称为宇，在代这个时期形成的地层称为界，依此类推。

有了以上时间划分的单位，根据地层、古生物面貌、海陆分布、构造运动等特征，地质学家建立了一个从早期到晚期的地球演化历史时间表，即地质年代表。根据前文介绍的放射性同位素测年，各个时期的界线就有了准确的年龄。

前文多处提到地质年代，它是指地球上各种地质事件发生的时间，包括两方面含义：其一为相对地质年代，即早晚的意思，比如地球历史上发生了两次地质事件，哪次事件发生得早，哪次晚。地质年代表中寒武纪、奥陶纪、志留纪等即为此概念。其二为同位素地质年代，即地质事件发生的具体年龄数值，这个数值正是通过前文提到的放射性同位素测年得到。两种地质年代相辅相成，有如兄弟二人，哥哥和弟弟的含义就是相对地质年代，因为哥哥比弟弟年龄大，而哥哥30岁，弟弟25岁则为同位素地质年代的概念。

灼热的婴儿时期
——冥古宙

地球表面就是一个"火海"

距今约 45 ～ 40 亿年前，是地球形成的初期，地质学中把这段时间称为冥古宙（图27），即地球的开始的意思。这是一个神秘、昏暗、没有生命的时代，由于时代遥远，对这一时期的事情很多都是推断出来的。这一时期整个地球表面就是一个"火海"（图28），地表温度极高，没有任何水体覆盖，也没有风化作用，不存在土壤，整个地球就是一个巨大的岩浆球，火山爆发频繁，地表岩浆横流，表面覆盖着熔化的岩浆海洋。

这些喷发出来的岩浆物质，后来逐渐冷却结晶形成

图28 冥古宙的地球表面岩浆横流，一片火海
（据baike.baidu.com/view/379855.htm）

图29 绿岩（据Nicholas M. Short）

岩浆岩，即初始的地壳，目前在加拿大北部残留有这个时代的岩石（绿岩）（图29），年龄在42.8亿年。这些初始的地壳并不像今天这样连接成一片厚厚包裹在地球表面，而是呈薄层的"孤岛"状，因此地球内部的岩浆很容易喷出来。后来随着地壳的增大和增厚，岩浆喷出地表的难度增大，火山喷发也逐渐减弱。

地球起源于一团"冷"的星云，为何随后会变成一片"火海"呢？原始地球是由原始的太阳星云分馏、坍缩、凝聚而形成的。原始地球获得的星子温度是比较低的，但是它们落到地球上时有很高的动能，这种能量因冲击转化成热能；由于星子的不断堆积，使地球表面压力增大，地球内部的物质受到压缩，压缩过程中的能量转化为热能保存下来；此外，放射性元素钾、铀、钍等的衰变也会产生大量的热。这些热量不断积累，使地球温度越来越高，导致地球中的金属铁、镍及硫化铁熔化，加之这些物质密度大，而流向地球内部中心，形成温度很高的

图27 冥古宙时代的地球

液态地核。随后地球内部物质产生进一步分异，形成地幔、地壳。地球在一定条件下，地幔或地壳物质会发生熔融，形成岩浆，原始地壳很薄，岩浆很容易喷发到地表，在地表形成"火海"。

巅峰档案

地球上最古老的岩石

2008年9月27日，美国卡内基研究所的地质学家理查德·卡尔森公布了他们的最新发现，称在加拿大魁北克省北部的哈得孙湾东岸发现了地球上最古老的岩石，称为绿岩。地球大约形成于46亿年前，现在已经很难找到地球形成初期残留下来的地壳物质。地球板块的构造运动使得那些残留下来的地球初期的地壳不断重复地沉降隆起，最终融入地球内部。地质学家们一直在努力寻找地球形成初期的古老岩石。哈得孙湾东岸的这些绿岩位于一条古岩床带上，经过同位素测年法的测定，大约形成于42.8亿年前，比此前人类已经发现的最古老岩石早了2.5亿年。这种古老的岩石可以为我们探索地壳初期的形成过程提供宝贵的资料。

炽热的大气

冥古宙时期强烈的火山喷发带来了大量的二氧化碳、水蒸气、硫化氢、硫氧化物等气体。它们在大气圈中聚集，地球被这厚厚的云层封锁住，太阳光几乎穿不透这橘红色的天空（图30）。密厚的云层，由于含有大量二氧化碳等温室气体，温室效应十分严重。从地球释放出来的热量被这些温室气体阻截滞留在地表，使大气升温高达200～300摄氏度，水蒸气无法凝结成水滴形成降水，地面上是裸露的岩石和岩浆。当时的大气压力是现在的300倍，如果人在这么大的大气压力下会迅速成为"肉饼"。这个时期的地表环境极其恶劣，温度高、压力大，没有液态水、没

图30 地球表面曾被大量二氧化碳等气体笼罩，天空呈橘红色

有氧气，满天充斥着有毒有害气体，是一个完全不适宜生命生存的大气状态。

到冥古宙后期，陨石的撞击作用减弱，火山喷发渐渐平静，大气温度逐步下降，大气中的水蒸气开始凝结成雨水降落到地面，地球上形成了第一滴液态水，地球环境开始改善。

沸腾的海洋

前文提到冥古宙后期地球上出现了第一滴液态水，实际上这个时期内地球上出现了一场大暴雨，连续不断足足下了百万年。瓢泼的大雨降落到地面，给地球表面带来了大量液态水，在低洼处形成原始海洋。液态水形成海洋后给地球演化带来了新曙光。但是，那时的海水与现今的海水很不一样，一是化学成分不同，那时的海水缺少氧气；二是水温不同，那时的海水水温极高，可能高于150摄氏度，是一个沸腾的海洋。好在当时的大气压力很大，水的沸点远远高于100摄氏度，海水还不至于蒸发掉。

图31 冥古宙的海洋（据http://www.hudong.com/wiki/）

在冥古宙后期，在海洋里可能出现了地球上的生命所需的有机物质，那么在这个灼热的时期是如何形成这些物质的呢？如前所述，大气层中云层密布，集聚了大量水蒸气和其他气体，同时也集聚了大量电荷，因此在下雨时会伴随着电闪雷鸣（图31），释放出大量能量，形成一种特殊的环境。在这种环境的催化下，大气中发生一些奇异的化学反应，其中水、氮气、二氧化碳等气体通过化学反应形成甲醛类、醇类等碳氢化合物，甚至能合成低级生命所必需的有机分子——氨基酸。这些有机分子随着雨水降落到海洋中，在这沸腾的海洋里，在液态水的环境下不断演化和发展，最终形成了地球上的第一个生命，地球也从此开辟了一个新纪元——太古宙。

荒凉的童年时期
——太古宙

大气降温了

　　太古宙是紧接在冥古宙后面的一个时代，大约从 40 亿年前开始，到 25 亿年前结束，经历了约 15 亿年。从字面上解释，太古宙就是一个最古老的时代，也是一个远离我们的时代。由于年代久远，在地球发展的过程中，地质作用把那个时代形成的岩石要不是被破坏殆尽了，要不就是发生了强烈的变化，保存下来的地质记录也就非常地稀少而零碎。我们对这个时代的了解就是从这些稀少而零碎的地质记录中获得的。

　　经历了冥古宙几亿年的演化，一些厚度较薄的"孤岛"地壳（古陆）出现了，对地球内部的热量释放和排气作用起到一定的阻隔作用。于是在这个时期，地球的排气作用减弱，而大气的降雨过程又将大气圈中的水蒸气、二氧化碳等气体转移到海洋中去，降低了这些气体在大气中的含量，减弱了大气的温室效应。因此进入了太古宙，大气的温度逐渐降了下来。不过，这个时期的大气圈主要还是由水蒸气、二氧化碳、硫化氢、氨、甲烷、硫化氢等气体组成。

在太古宙的早期，虽然气温下降了，比起冥古宙的大气温度来说的确降低了很多，但比当今的气温还是高，是现今气温的 2 ～ 3 倍，这样算来这一时期气温应该在 30 ～ 40 摄氏度之间，气候炎热湿润。

到了太古宙的晚期，大气中二氧化碳的含量降到了当今的 4 ～ 5 倍，由此产生的温室效应进一步减弱，大气温度继续下降，地表的气温比现今高 12 摄氏度左右，也就是说年平均气温在 27 摄氏度左右。

海洋——生命的摇篮

地球上海洋的出现时间是很早的，在冥古宙的晚期就有了，但那时的海洋分布是非常局限的，水量也少。到了太古宙，海洋的分布范围明显扩大，覆盖了地球表面的大多数面积（图32），水

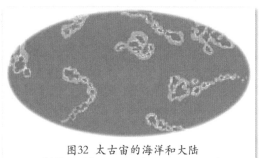

图32 太古宙的海洋和大陆
（据http://www.corzakinteractive.com）

量基本上已达到了现今的规模。但当时的海洋与现今的海洋有着很大的不同，虽然海洋面积比较大，但水体并不很深，基本上以浅海环境为主。

这个遥远的海洋，是生命的摇篮（图33）。在大气中形成的碳氢化合物以及氨基酸，随着降水进入海洋。氨基酸只是生命所必需的一种有机分子，它还不是生命，从有机分子到真正的生命还需要经过一系列的"反应"才能实现。这个最艰难而最具有开拓性的过程是在海洋里完成的，时间大约在 39 ～ 35 亿年前。

根据对这个时期形成的海洋沉积物和蓝绿菌化石（图34）的研究，

图33 生命起源于海洋

当时海水的温度在 25 摄氏度左右，这就比较接近现今的海水温度了，这为生命在海洋中发展提供了非常有利的条件。因此在太古宙的初期，大约在 39 亿年前，生命就可能出现，但目前发生最早的生命化石是 35 亿年前的球状或丝状细菌和蓝绿菌。在太古宙的末期，大约 25 亿年前，可能出现了真核细胞生命。它们都是在海洋中发育形成的。

有了海洋，就有沉积作用，从陆地上搬运过来的物质在海洋中沉积下来，形成沉积岩。全世界的铁矿大约 60% 都形成于太古宙，这些硅铁沉积的形成，首先必须在气候温暖湿润、岩石发生强烈的风化作用的条件下发生；其次是低盐度的海水环境，在铁质沉积岩中发现了在浅海低盐度环境下生存的铁细菌化石。除了有铁、硅质沉积以外，这个时期还有比较广泛的代表

图34 蓝绿菌化石

高盐度的碳酸盐岩（$CaCO_3$ 等）沉积，以及代表温暖湿润气候的富铝的黏土沉积。这些都说明，太古宙的海水性质是有变化的，有些部位或有些时期的海水盐度低，pH 值偏酸性，而有些部位或时期的海水盐度高，pH 值偏碱性，不过那时的海水温度都比现今高。

巅峰档案

太阳系中各式各样的"海洋"

从冥古宙晚期地球上诞生海洋至今，海洋的面积大约占到了整个地球表面积的三分之二，是地球重要的组成部分。那么，在其他星球上，是不是同样也存在着海洋呢？有证据证实，地球的近邻火星表面曾经存在过大量的水。也就是说，火星上曾存在过与地球相似的海洋。不过，现在的火星表面已经没有了液态水的影子。木星的卫星木卫一表面翻腾着滚烫的熔岩海洋，木卫二和土卫二表面温度极低，被厚厚的冰层覆盖，但由于星球内核的加热，冰层之下可能孕育着巨大的内部海洋。土卫六的表面很像地球，但构成"河流湖泊"的不是水，而是液态的烃，这种物质在地球温暖的环境下以气态的形式存在着。

荒凉而孤独的陆地

最古老的陆地（陆壳）在冥古宙晚期就出现了，但那时的陆地非常少，且分布不匀，也很薄，是由岩浆冷凝结晶形成的。到了太古宙，随着岩浆作用、构造运动以及沉积作用，这些"孤岛"状的陆壳不断"长大"，有些陆壳相互连接在一起，使陆地的面积不断扩大。于是，在太古宙中、晚期，地球上已出现了一些分散的、孤立的较小古陆或称为陆核。大约在 38 亿年前，全球的陆壳已经形成，从此地球上就有了特征不同的陆壳与洋壳之别。

　　在这些"孤岛"状的陆核周边被海水所包围,形成了有些孤独的"岛屿"。从"孤岛"上被风化、剥蚀下来的碎屑物质,经过搬运后沉积在它们附近的水域,形成最早的沉积岩,这进一步扩大了陆核的分布范围。在这些"孤岛"上,在阳光、大气、水,尤其是降落下来的酸性水体作用下,开始出现风化作用,形成了黏土物质。不过,这个时期的陆地上是裸露的岩石、风化形成的岩石碎屑、流动的水体,虽然有潺潺的流水声,但没有生命,没有任何的绿色。

　　在太古宙的中晚期,在中国形成了三个比较大的陆块(核),它们是华北陆块、塔里木陆块和扬子陆块(长江的中、下游)。目前还残留有少量的这些陆块的太古宙地层(图35),在阴山分别称为集宁群和乌拉山群,

图35 少量太古宙地层保留在燕山一带

在燕山划分为迁西群和八道河群,在辽宁和吉林地区叫做龙岗群和鞍山群。

活动起来的地壳

固化了的陆壳和洋壳,包裹在地球的表层,而在固态地壳下面的岩浆活动还在不断地进行着。岩浆在活动的过程中,对上面的地壳不断地发生"拱"和"撕扯"作用,其结果就造成了局部的地壳被撕裂开,岩浆不断喷出,并推动地壳向两侧运动,而在另一些地方的地壳受到挤压作用,这样构造运动就发生了,地壳也活动起来。构造运动,也称地壳运动,是地壳或岩石圈物质发生的机械运动。它可以是水平方向的运动,也可以是垂直方向的运动,其结果可造成地壳大规模位移、岩石变形、山脉隆起、海洋形成等,如大西洋的形成、青藏高原的隆起就是构造运动的结果。

在太古宙,中国发生了三次比较明显的构造运动,第一次称为迁西运动,结束的时间大约在32亿年前。第二次称为阜平运动,结束于28亿年前。第三次称为五台运动,时间为25亿年前。在中国发生构造运动,在全球其他地方也会发生构造运动,但在时间上有可能会早点或晚点。

澎湃的青年时期
——元古宙

陆地在长大

　　元古宙紧接在太古宙后面，大约从 25 亿年前开始，到 5.4 亿年前结束，经历了约 20 亿年，是地球演化历史中最长的一个时代，也是一个地球各方面变化都非常频繁的时代，还是一个连接遥远的过去与现在的一个时代。"元"是开始、第一的意思，在英文中元古宙为 Proterozoic，它的词头也是开始、第一的意思，从字面上不难看出，这是一个生命开始的纪元。其实生命在太古宙就出现了，在元古宙得到了比较快速的发展和壮大，尤其在元古宙的晚期是一个生命大发展时期。

　　经历了太古宙这段时间的演化和发展，在中国乃至于全球形成了一些规模较小的稳定陆块。在元古宙，陆块的边缘继续发生沉积作用，使陆块不断向周边扩展，同时构造运动又使一些小的陆壳拼合到较大的陆块上去，这样陆块开始快速地生长。到了 18 亿年前，在中国形成了 4 个规模比较大、比较稳定的陆块，它们是中朝陆块（华北）、塔里木陆块、扬子陆块和华夏陆块（华南）。在这些陆块之间为海洋。在世界的其他

图36 太行山元古宙沉积岩

地方，也是陆块不断扩大的时期，有些陆块拼接起来形成规模更大的陆块。

陆地不可能永远是陆地，陆地与海洋常常是可以转换的。在元古宙的中晚期，在北京、河北地区并不是陆地，大部分时间是海洋，因此在古老的华北陆块上沉积了巨厚的砂岩、白云岩、页岩等，在太行山和燕山山脉分布很广泛。可见当时这个碧波荡漾的浅海，水体清澈而平静，足足持续了10亿年左右。

巅峰档案

古环境的忠实记录者——沉积岩

远古时期的环境和今天大不相同，科学家们是如何得知当时的环境的呢？推测古环境的一个重要依据就是沉积岩（图36）。沉积岩，顾名思义，是地表或近地表的各种沉积物质经过特定过程固结而成的岩石，从其岩石的物质成分、颗粒直径、形状、结构等方面都能对其沉积时的环境进行推测。比如，颗粒大小反映了搬运力的大小，进一步结合颗粒的磨圆程度可以推测是洪水搬运或是风搬运，等等。沉积古环境的温度、湿度、地壳变动等都可以通过研究沉积岩各项指标推测出来，沉积岩中偶尔还含有生物遗体等，也可以指示海陆的沉积环境。

漂移不定的陆地

到了元古宙，地壳的固化程度已比较高了，地壳坚硬而具有一定的刚性，因此在元古宙就开始出现了比较明显的板块运动。在板块运动的推动下，全球的陆块在地球的表层移动着，漂移着，旋转着，并不固定在一个地方。大约在11亿年前，地球上的这些分散的古陆块相互聚集到一起，并拼接起来，形成了一个统一的大陆，称为罗迪尼亚超级古大陆（图37），在古大陆的周边为一个古大洋。罗迪尼亚超级古大陆与现今的大陆分布格局是完全不同的，大陆的位置发生了天翻地覆的变化，比如华南位于华北的西边，西伯利亚却跑到了华北的南边，南极大陆位于北美大陆的西边。这次超级古大陆形成过程称为格林维尔事件。

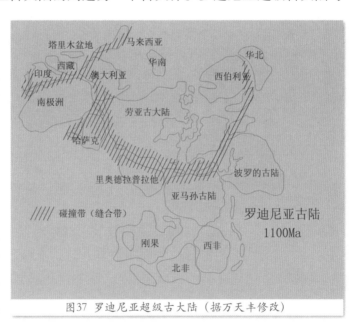

图37 罗迪尼亚超级古大陆（据万天丰修改）

后来，大约在8亿年前，罗迪尼亚超级古大陆又开始分裂，各个古陆四散漂移。到了大约5.7～5.5亿年前时，先后从罗迪尼亚超级古大陆漂离出来并散布在南半球的陆块又陆续聚合成另一个古大陆，叫做冈瓦纳古陆。它是由现在的南极大陆、非洲、南美洲、印度次大陆、澳大利

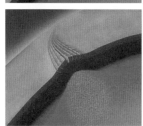

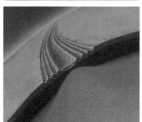

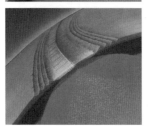

图38 大陆分裂与海洋形成

亚等大陆构成。冈瓦纳古陆的形成过程称为泛非事件。从罗迪尼亚超级古大陆分离出来的其余古陆则分散在北半球，后来也聚集在一起形成劳亚古陆，主要由加拿大、格陵兰、波罗的海和西伯利亚等古陆组成。这个时候的华北与华南远隔万里，一个位于劳亚古陆的北端，而另一个则位于冈瓦纳古陆的南端。

元古宙晚期形成的古陆也不是最终的古陆，还要再次发生分裂，陆地又会四散而去。首先是在古陆分裂地方的地壳发生变化，由于地壳下面的岩浆活动加剧，并且不断向上拱，导致这个地方的地壳变薄，并形成一系列的拉张状态的断裂，同时也出现一些低洼的谷地，称为大陆裂谷，就像现今非洲大陆的东非裂谷。大陆裂谷形成之后，来自地幔的物质在这个地方以火山的形式不断喷出，推动大陆裂谷两侧的陆地向两边运动，导致大陆裂谷不断变宽，而同时地形又不断降低，当地形高度降到海平面以下时，海水就侵入进来淹没了大陆裂谷地带，大陆裂谷就转变为海洋，陆地也就分开了。在新形成海洋的中间出现大洋中脊，大洋中脊不断扩张推动大洋地壳向两侧运动，因此随着大洋不断扩大，两侧的陆地也越来越远，向两侧漂离而去（图38）。

巅峰档案

"大陆漂移学说"的创立

1910年的一天，身体欠佳的阿尔弗雷德·魏格纳躺在病床上休息，无意中看到了挂在墙上的一幅世界地图。在琢磨这张地图时魏格纳意外发现，地图正中的大西洋两岸轮廓竟如此对应，特别是巴西东端的直角突出部分，与非洲西岸凹入大陆的几内亚湾非常吻合。这难道是偶然的巧合？他在思考这个问题，突然他灵光一闪，脑海里掠过这样一个念头：非洲大陆与南美洲大陆是不是曾经贴合在一起，它们之间从前没有大西洋，是后来原始大陆的分裂和漂移，才形成如今的海陆分布格局的。有了这个想法，他第二年就付诸行动，利用业余时间搜集地学资料，查找海陆漂移的证据。通过对收集到的大西洋两岸的地层、地质构造和古生物化石分析，发现非洲大陆与南美洲大陆确实曾拼接在一起，证实了自己的想法。魏格纳在1912年出版《大陆与大洋的起源》一书中提出了这个观点，创立了"大陆漂移学说"。

生命喧嚣的海洋

经过太古宙10多亿年的演化，生命的进程虽然非常缓慢，但却是在为后面的大发展打基础，到了元古宙，生命发生了显著变化。首先是在元古宙的早期出现了真核细胞生命，这是生命演化的一次质的飞跃。在此之前，海洋里生活的是原核细胞生命，如蓝绿菌，而真核细胞生命的结构更复杂，具有的功能更多，它们出现的时间大约在距今 24 ~ 20 亿年间（图39）。

不过，虽然出现了真核细胞生命，但在元古宙早期真核细胞生命还很稀少，比较多的还是像蓝绿菌这类的原核细胞生命。蓝绿菌是一种非常了不起的生命，它虽然原始，个体也很小，很不被人们注意，但在它生长过程中，进行着光合作用，能制造氧气。生活在浅海中的蓝绿菌等低等的微生物受阳光、潮汐等环境条件周期性变化的影响，它

图39 元古宙的海洋与陆地（据K.M. Towe, NASA）

们的生命活动也将引起周期性矿物沉淀、沉积物的捕获和胶结作用，从而形成了叠层状的生物沉积构造，称为叠层石。因它在纵剖面呈向上凸起的弧形或锥形叠层状，如扣放的一叠碗得名。叠层石最繁盛的时期是距今20～7亿年间，其分布广泛、形态多样。后生动物出现（8亿年前）以后叠层石骤然衰落，现代海相叠层石只分布在澳大利亚、中美洲等少数地区的特殊环境中（图40）。

生命在海洋中继续演化和发展，大约在10亿年前后，生命的发展又发生一次重大变革，出现了多细胞生命，也称后生生物。先出现的是后生植物，紧跟其后出现的是后生动物，时间大约在8亿年前。到了这个时期，海洋中的生命很快就繁盛起来，出现了一派繁忙的景象。尤其到了7～6亿年前，在海洋发生了第一次生物大发展，无论是植物，还是动物都出现了很多门类，出现了无壳软躯体动物，有生活在

图40 现今澳大利亚西部鲨鱼湾的现代叠层石
（据http://www.hudong.com/wiki/）

海底形如植物叶子的环节动物、腔肠动物，有浮游在海水表面的形如降落伞的水母，如澳大利亚著名的埃迪卡拉动物群就是这个时期的典型代表（图41）。

图41 埃迪卡拉动物群（据Smithsonian，NMNH）

巅峰档案

为什么最初的生命起源于海洋而不是陆地

现今的地球物种分布于各个大洲、大洋，乍看之下，陆地生命，包括我们自身，与海洋生物相比较似乎占有很大优势，但地球最初的生命却是起源于海洋之中而不是陆地上。这是因为海洋具备了许多陆地环境中没有的优势。那就是把脆弱的生命与大气中的辐射，尤其是紫外线隔绝开来。早期的地球陆地存在大量的火山活动和无处不在的致命辐射，不适合生命的产生，海洋中的环境相对稳定、柔和，同时溶解了许多有机化学物，海底火山口的加温和矿物质提供，都给生命诞生创造了很好的条件，最终成了孕育生命的摇篮。

生命的宇航服——富氧的大气

陆地在变，海洋在变，生命在变，同样大气圈也在变。在冥古宙时，大气的性质极其恶劣，到了太古宙大气还是比较恶劣的，几乎不含氧气，还是酸性的还原大气。但是到了元古宙，经过了 10 多亿年蓝绿菌的光合作用，向大气源源不断地提供氧气，并逐渐累积起来，把一个富含二氧化碳、硫化氢、氯化氢等成分的还原性大气改变为含氧的氧化性质的大气，这样才使地球的演化进入了一个新纪元。到元古宙的晚期，低层大气中氧含量基本上达到了现今的状态，真正成为一个富氧的大气，并一直保持到今天（图 42）。这是一个了不起的变化，其功劳主要归功于蓝绿菌。大气富氧了，海水中的氧气含量也增加了，创造了一个从大气到海水的富氧环境，满足了喜氧生物的生存。喜氧生物是现今生物的最主要形式，我们现今看到的植物和动物基本都是喜氧生物。如果没有当时的富氧环境，那也不会有当今的生命繁茂。

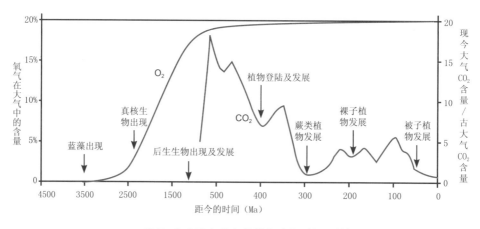

图42 大气圈中氧气的累积过程（据程捷）

在这个时期，大气中富集了氧气只是大气性质变化的一个方面，还有另一个方面的重要变化是臭氧的形成。臭氧有一股特臭的气味，故得名。在元古宙的中晚期，大气中的氧已富集到了一定的程度，这时穿过大气层的太阳辐射与氧气的光化学作用就比较容易发生。光化学作用使得一部分氧气产生分解，形成氧原子，它又与大气层中的氧气结合形成臭氧，并在大气层中逐渐累积，在平流层中聚集成臭氧层。臭氧虽然气味不好闻，但对地球生命来说是一种不可缺少的气体，它能阻挡来自太阳的紫外线，保护地球生命不被紫外线杀死，就像一件"宇航服"穿在地球外面（图43）。

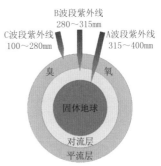

图43 地球臭氧阻挡紫外线

在元古宙的中晚期，这件"宇航服"阻挡了具有杀伤力的紫外线，使地球上的生命免受其害，海洋中的生命才敢游到海水的表面自由自在地活动，否则这时的海水表面还是一个生命的禁区。

巅峰档案

紫外线的克星

太阳给我们地球带来了光明和热量，同时也发射出看不见的可以杀死地球一切生命的紫外线。紫外线根据波长可以划分为3个区间：C波段紫外线（UV—C）的波长很短（100～280毫米），它对生命杀伤力极强，可以杀死暴露在它下面的一切生命，很庆幸的是它被高空的氧原子和氮原子几乎全部吸收了；B波段紫外线（UV—B）的波长居中，对生命也具有强的杀伤力，当这部分紫外线穿过平流层时，却被该层中的臭氧吸收了，地球上的生命又逃过了一劫；A波段紫外线（UV—A）的波长最长，它对生命的杀伤力很低，大气层对这部分紫外线有吸收，但不能完全被吸收，因此还有少部分能够达到地面，人体适当接触这部分紫外线是有好处的，它能使人体表皮和真皮中7—脱氢胆固醇转化为维生素D，这种维生素能促进人体对钙的吸收。

"雪球"地球

今天我们居住的地球，温暖潮湿，生机盎然。然而在它漫长的历史中，曾发生过4次极为严重的全球性降温，每次都导致了生物的大量灭绝。在距今8～5.5亿年前，最为严重的全球性降温爆发了，地球表面从赤道到两极都是白雪皑皑，冰封千尺，成了一个"雪球"（图44）。此时地球的气温降到

图44 "雪球"地球

了零下50摄氏度左右，生物大量灭绝，只有少量生命存在于海底残留的液态水中，苟延残喘。

研究发现，此次降温和罗迪尼亚古大陆发生分裂密切相关。整个古陆分裂成几个小的陆地后，使得海岸线大大增长。这带来两个后果：一

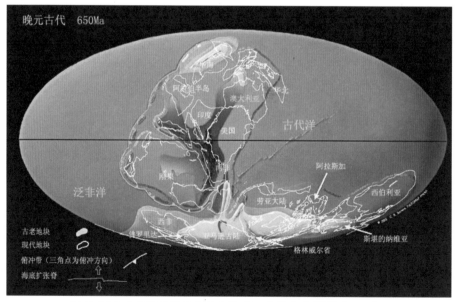

图45 6.5亿年前的冰川覆盖了北半球和南半球（据C.R.Scotese）

是生物在岸边的活动增加,光合作用的加强导致大量二氧化碳被吸收;另一个是增加了大陆岩浆岩的风化,这需要吸收大量二氧化碳。这两个结果导致大气中的二氧化碳含量迅速降低,发生了冰室效应,使得全球迅速降温,最终形成了"雪球"(图45)。

不过,"雪球"地球并没有存在多长时间,在元古宙末期快速地被融化了。说到融化的原因,还是离不开二氧化碳。只要大气中二氧化碳含量快速增加,使地球从冰室效应转化到温室效应,"雪球"就会被融化。根据计算,要让当时的"雪球"地球解冻,大气中二氧化碳的浓度必须达到今天的350倍。这样,积累的热量就可以让赤道地区的冰冻海洋首先解冻,在赤道出现一条深色条带的液态海水,从而增加太阳能的吸收效率,使大气温度进一步上升,最终使地球表面的冰雪融化。

巅峰档案

温室效应的"兄弟"

今天我们常听到"温室效应"这个词,可是除了温室效应,地球上也会发生与之完全相反的"冰室效应"。顾名思义,冰室效应就是通过大气温度降低,使地球进入一个气候寒冷的状态。地球上的冰室效应可以由多种原因导致,如地球表面大量覆盖冰雪就可以引起冰室效应。这是因为冰雪具有很强的反射太阳辐射的作用,使太阳能不能滞留在地球系统中,从而使地球降温。大气中的二氧化碳、水蒸气、甲烷等气体的含量降低也可以导致地球温度的降低。在地球历史上,温室效应与冰室效应是同时存在的,哪种作用更强烈些,地球的气候就显示哪种特征。如果冰室效应强烈,地球就会剧烈降温,进入一个冰期时代。

辉煌的中年时期
——显生宙

地球的"脾气"喜怒无常

到了显生宙，大气中的氧气含量基本上接近了现今的水平，而且随时间推移变化也不大，大气完全是一种氧化环境。这个时期大气中的臭氧含量也比较接近现今状态了，对陆地上的生命能起到保护作用，形成了适合生命生存的环境。但是在这个阶段大气中二氧化碳的含量是多变的，在不同阶段其含量差别甚大，有时是现今的十多倍，而有时与现今很接近，甚至更低。大气中二氧化碳含量高低变化势必会影响温室效应的作用，从而引起气候变化，导致温暖气候与寒冷气候的频繁波动（图46）。

研究表明，自晚元古宙约8亿年以来，地球上曾发生过三次非常显著的降温时期，每一次时间长达数千万年，在地质学上把这个降温时期称为冰期。顾名思义，冰期就是气候寒冷、冰川大量发育的时期。这样的冰期在显生宙就有过二次，它们分别发生在石炭纪—二叠纪（3～2.5亿年前后）和第四纪（260万年以来）。在冰期里，全球的气候都明显地

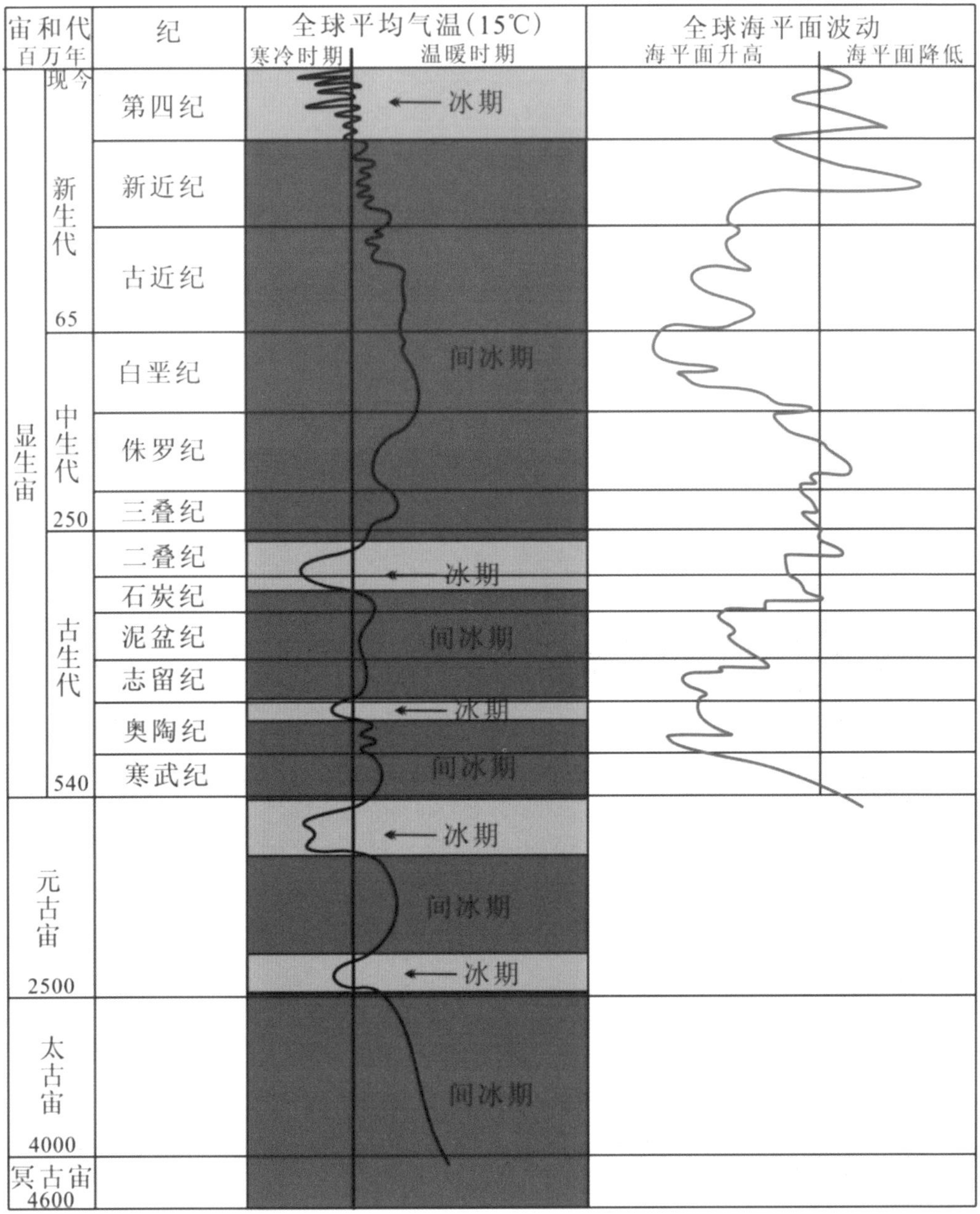

宙和代 百万年	纪	全球平均气温(15℃) 寒冷时期　温暖时期	全球海平面波动 海平面升高　海平面降低
现今	第四纪	← 冰期	
新生代	新近纪		
	古近纪		
65			
显生宙 中生代	白垩纪	间冰期	
	侏罗纪		
250	三叠纪		
古生代	二叠纪	← 冰期	
	石炭纪		
	泥盆纪	间冰期	
	志留纪		
	奥陶纪	← 冰期	
540	寒武纪	间冰期	
元古宙		← 冰期	
		间冰期	
2500		← 冰期	
太古宙		间冰期	
4000			
冥古宙 4600			

图46 全球的气温和海平面变化

恶化，比起温暖时期的气温至少下降了十多度甚至更多，陆地上形成了大量的冰川，比如在石炭纪－二叠纪的冰期中，位于南半球的冈瓦纳大陆几乎都被冰川所覆盖（图47），是一片白雪皑皑、冰天雪地的景观。当时中国的云南西部和西藏南部刚好属于冈瓦纳大陆的一部分，因此气候非常的寒冷，不过华北地区属于北半球的劳亚大陆，当时的位置比较靠近赤道，气候还是比较温暖湿润的，因此植被茂盛，形成了大量的煤。

我们现今正处在一个寒冷的冰期时代，人们可能会问当今的气候不是很温暖吗？也经常看到报道说现今地球的气候很"热"，没有感觉到气候寒冷？其实不然，与地球历史上温暖气候时期（间冰期）比的话，现今的气候要寒冷得多，只不过是我们现今处在一个冰期中相对比较温暖的时期。在间冰期，地球的气候是非常温暖的，基本上都是暖温带到热

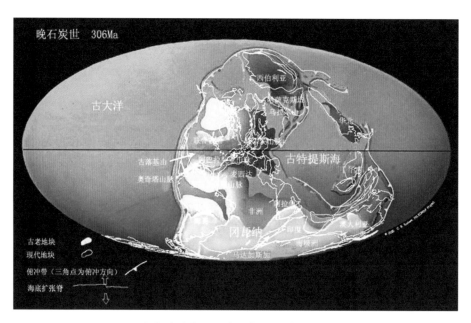

图47 3亿年前的冰川覆盖了南半球（据C. R. Scotese）

带气候,几乎不发育冰川或只在高纬度地区发育极少的冰川。在中生代的白垩纪,也就是恐龙繁盛的时代,华北地区是非常炎热的,年均温度可以达到20 ~ 30摄氏度(图48),就是一派热带景观,到处是蕨类植物,恐龙悠闲地漫步在华北地区。当时在全球的任何地方都没有冰川,这足以说明气候要比现今

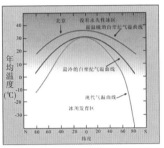

图48 白垩纪不同纬度全球年均气温(据Hallam,修改补充)

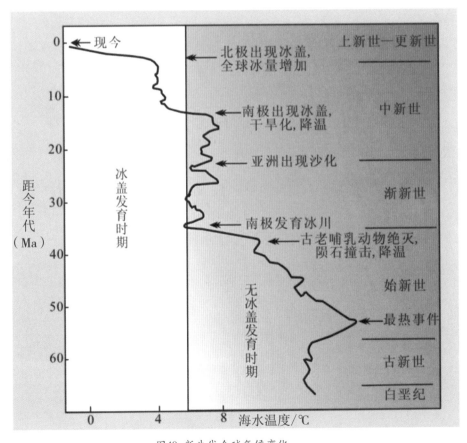

图49 新生代全球气候变化

热得多。

看来地球气候的变化非常复杂，可谓变化"无常"。实际上，地球气候的变化是有规律的，存在着周期循环。离我们现今最近的一个时代是新生代，气候发生了剧烈的波动，总体上是从一种非常温暖的状态一路直下发生了降温，期间出现冷暖气候波动（图49）。由于全球的降温，才使得在南极、北极首先出现冰盖，然后冰川向低纬度扩展。

巅峰档案

冰期与间冰期

冰期和间冰期是代表地球两种完全不同的气候状态。冰期说的是地球气候非常寒冷的时期，冰川大量发育，海平面也大幅度下降，生物发育会受到限制。间冰期就是冰期的反状态，处在两个冰期之间，地球气候温暖的时期，冰川大量融化，海平面上升，生物复苏。在冰期，地球气候非常的恶劣，对生命来说是一个非常严峻的挑战，如果生命能"扛过"这种恶劣的环境，等到间冰期来临时，生命会大量快速复苏，往往会出现生物大发展。在地球历史时期的确就发生过这些事，如晚元古宙的大冰期之后就是寒武纪的生物大发展，石炭纪—二叠纪的大冰期之后就是中生代恐龙的大发展。我们人类现在就处在冰期，相信人类能扛过这个"艰难"的时期，曙光就在前面，将会迎来一个更美好的未来。

大陆好聚好散吗

前面我们讲了大陆是不稳定的，一直都在地球表层漂移着和旋转着，时而分离，时而汇集，从来就没有停止过移动（图50）。在11亿年前，全球的陆地汇集在一起形成了一个超级统一的罗迪尼亚古陆。但随后又开始了裂解和漂移，到了显生宙初期的寒武纪，南半球的冈瓦纳大陆又基本地连接在一起，而北半球的劳亚大陆是处在分离状态。

大约到了古生代末期的二叠纪，全球的大陆又汇集在一起形成了盘古大陆，无论是北半球的劳亚大陆，还是南半球的冈瓦纳大陆，都是拼接在一起的，而在古大陆的周边是泛大洋。在盘古大陆的东侧还存在一个称为古特提斯海的大洋，当时的华北位于古特提斯海的东北部，形如一个长条形的岛屿。当时的古地中海位于南半球的高纬度地区，后来随着板块的运动和大陆的漂移，古地中海也不断向北移动，最终也消失了。很显然，当时海陆分布格局与现今有显著的差异。

这个盘古大陆形成以后并没有持续了多长时间，又开始分裂

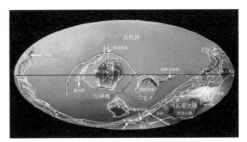

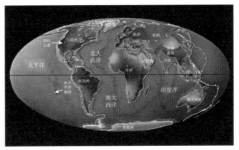

图50 从这4幅组图中可以看到大陆分布格局的变化。其年代从上到下依次为5.1亿年前、2.5亿年前、1.5亿年前、5000万年前（据C.R.Scotese）

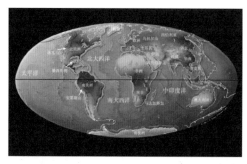

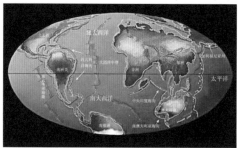

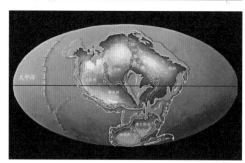

图51 这3幅图展现了从现在到5000万年后、到2.5亿年后大陆分布格局的变化（据C. R. Scotese）

了，各大陆又漂向四方。首先是冈瓦纳大陆与劳亚大陆分裂，同时冈瓦纳大陆由南向北从中间分裂开来，大西洋开始出现，南美大陆与非洲大陆也逐渐分离而去。

随着各大陆的移动，原来"亲密无间"融合在一起的大陆，它们之间也出现了"鸿沟"，各自背向而去，之间的距离也越来越遥远，远隔重洋，如南美大陆与非洲大陆。但是有些大陆却"抛弃前嫌"，弥补"鸿沟"，愿意聚合在一起，如印度大陆不远万里，从南半球动身，经历了上万千米的漂移，历时1亿多年的时间，才来到了北半球，与欧亚大陆"相会"。这次"相会"导致了特提斯海的消亡和青藏高原的隆起。

到了3000万年前，大陆的分布格局与现今的基本相似，不过这些大陆并没有稳定下来，还在移动着，内部的地形地貌还在发生变化。

现今的大陆分布格局只是地球演化到现阶段的一个状态，大陆自始至终还在运动，从来就没有停止下来过，未来也不会停下来。那么各大陆在未来又会怎样运动呢？各大陆又会移向何方？科学家根据对各大陆过去的运动情况，对全球各大陆的运动趋向进行了模拟。模拟的结果非常有意思，在未来的 5000 万年，地中海、红海消失，而非洲大陆与欧亚大陆完全拼合在一起，澳大利亚向亚洲接近，南美洲和南极洲大陆向北运动。

到了未来的 1.5 亿年，大陆格局与现今的有很大的不同。大西洋在缩小，美洲大陆与非洲大陆接近，澳大利亚与南极洲大陆拼接在一起，印度洋与太平洋隔开。各大陆之间逐渐地靠近，并拼合。因此到了 2.5 亿年之后，全球的各大陆又拼合在一起，形成了一个新的统一的超级大陆（图51）。印度洋被各大陆包围，形成了一个残留在新大陆中间的死海。

中国何时大江东流

谁都知道中国西部是高耸的青藏高原，东部是大平原，河水当然是从高处往低处流了，那么现在西高东低的地形又是如何形成的呢，这要归功于青藏高原的形成和隆起。

在 3 亿多年前，现在的青藏高原是波涛汹涌的辽阔海洋。这片海域横贯现在欧亚大陆的南部地区，与北非、南欧、西亚和东南亚的海域沟

通，称为"特提斯海"或"古地中海"，其南北两侧分别是冈瓦纳大陆和劳亚大陆。随着盘古大陆的解体，盘古大陆四分五裂，其中印度大陆从南边的冈瓦纳大陆分离出来，向北漂移，不断接近欧亚大陆。那么它们之间的特提斯海的范围也就不断地被压缩变小。在印度大陆碰上欧亚大陆之前，特提斯海的海底是不断地向北俯冲到欧亚大陆的下面而消亡，俯冲下去的大洋地壳熔化形成岩浆并以火山的形式喷发出来。

　　随着印度大陆不断地向北移动，大约在4000万年前后，印度大陆就撞上了欧亚大陆，阻隔在印度大陆与欧亚大陆之间的特提斯海最终消失了。导致这两个大陆发生碰撞的构造运动称为喜马拉雅运动，青藏高原的隆起也是这次构造运动的结果。没有了特提斯海，大洋地壳当然也

消亡了，以前那种大洋地壳的俯冲过程也随之结束，转而发生了两个大陆之间的强烈碰撞挤压。碰撞挤压过程使岩石不断地被挤压变形，而同时致使物质发生垂向运动。因此在青藏高原这个位置上，来自印度大陆的物质不断地向北挤过来，使地壳在水平方向上被强烈地压缩变短。被压缩变短的那部分地壳物质就转向了垂向方向运动，使地形升高隆起，青藏高原就这样形成了。西边地形抬高了以后，形成了分水岭，那么中国的中、西部河流就自然而然地向东流了。

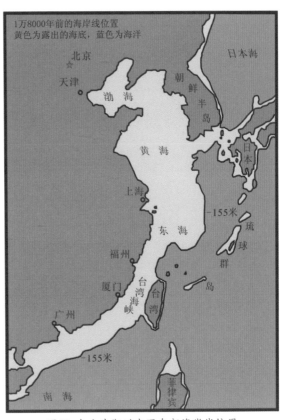

图52 末次冰期时中国东部海岸线位置

走路去台湾

台湾是中国的宝岛，与大陆紧密相连，不可分割。就是从地质学的角度来说，台湾与大陆也不可分开的。它位于大陆架上，与大陆之间只是一个浅海，岛的外侧也不是海沟，还是大陆架，到海沟还要经过一段大陆坡。在地理学上，像台湾这样的岛称为大陆岛。

对中国东部浅海海底的地貌、堆积物、生物化石等方面的研究，得

图53 末次冰期的猛犸象（左）和披毛犀（右）

到一个惊人的数据，那就是在距今 1.8 万年前后，当时的海平面下降了 155 米，也就是说当时的海平面比现在低 155 米。海平面下降了这么多，其结果造成中国东部浅海的海水全部退去，海底基本都露了出来，如渤海、黄海、东海、南海的北部等区域全为陆地（图52），在渤海"海底"还生活着一群猛犸象、披毛犀动物（图53）。当时中国的陆地面积非常的大，向东推进了几百千米。不过那个时候还没有出现国家，人还处在晚期智人阶段，在北京附近生活有山顶洞人。在最低海平面时，海岸线位于台湾岛的东边，台湾与大陆之间的台湾"海峡"已没有海水淹没，完全是裸露的陆地，这时称"台湾海峡"就不恰当了，只能说是一个低地。这时从大陆去台湾非常方便，既不需要乘船，也不需要爬山，只要用双脚走着平坦的路就可以到达台湾了。

末次冰期大约在 1 万年前结束，气候逐渐转暖，大陆上的冰川大量消融，消融的冰水不断地注入海洋，海平面又逐渐升上来了，原来露出的海底再次被海水淹没。大约在 6000 年前，地球的气候比较温暖，在地质学上把这段时间称为大暖期，中国的气温比现今高 2 ~ 3 摄氏度。这时大陆上的冰川消融了不少，其中北美的劳伦泰冰盖和北欧的斯堪的纳维亚冰盖基本就消融完了，因此这个时候的海平面又比现今高 1 ~ 2

米。其结果又把一些平坦的滨海平原淹没掉，如上海、苏北、渤海湾西岸等地区都曾被淹没过（图54）。距今6000年前后是一个非常重要的时期，这段时间不仅全球气候比较温暖湿润，生态环境比较宜人，而且是人类文明起源的时间，农业、国家就出现在这个时期，从此人类走向文明，走到今天。

当今的全球气候在变暖，这除了地质方面的因素外，还有人类活动的因素，如破坏地表、大量释放二氧化碳、城市扩张、森林砍伐等。气候变暖对环境带来的影响是多方面的，其中由于气温升高导致两极地区的冰川融化是重要的一个方面。现今很多城市都建在距海岸线不远的陆地上，而且海拔高度基本在50米以下，海平面升高将会淹没沿海土地和城市。有人估算过，如果全球的冰川都融化掉，那么海平面将上升66米，这就意味着华北平原、长江中下游平原基本就被淹了，北京和上海就是一片汪洋大海。现今全球都在提倡低碳生活，尽可能地减少碳（二氧化碳）的排放，降低温室效应的作用，减缓全球升温，否则对于一些国家来说就是"灭顶之灾"。如被誉为"旅游天堂"的马尔代夫，它由一系列的小岛组成，好像是镶嵌在印度洋上的一颗颗璀璨明珠，碧蓝的天空，清澈的海水，白色的沙滩，绿色的椰林，温暖的阳光，和煦

图54 6000年前中国东部海岸线位置

的海风，在那里可以享受到大自然赋予的无限美景，但它全国的平均海拔只有 1.5 米，海平面稍稍上升，就是汪洋一片，马尔代夫就将消失在茫茫大海之中。如果全球仍是现今的二氧化碳排放量，到本世纪末，马尔代夫可能就难觅踪迹了。

从上面的讲述中得知，地球的环境变化是很大的，在短短的 2 万年中（相对地球 46 亿年来说）就发生了翻天覆地的变化，这些都是由自然规律决定的，但不管环境怎样变化，生命一直在延续，在发展，从来就没有间断过，这就是生命的伟大和坚强。

地球上的生命何时诞生

生命来自何方

创世论认为地球上的生命是由上帝创造的，在公元前4004年上帝创造了地球，同时创造了生命。如果我们多问一句，上帝是谁？他属于生命吗？如果上帝也属于生命，那他又来自何方？如果他不属于生命，他又是如何"制造"出生命来的？不管怎样，创世论解释不了地球生命起源的问题，也没有任何的科学依据。

在19世纪，出现了有关生命的自然发生说，这一观点认为"生命是从无生命物质自然发生的"，比如昆虫是从某些泥中生长出来的。在中国古代很早就有了这样的观点，如"腐草为萤"、"泥能生蛙"、"腐肉生蛆"等。在那个时代，这听起来好像很有道理，其实不然。自然发生说没有解决生命起源的根本问题，"腐肉生蛆"，是因为苍蝇把卵产在了腐肉中，这些虫卵孵化出幼虫来，而并不是从腐肉中自然生长出来的。

地球上生命来自何方？是怎样起源的？这还要从科学的角度去寻求答案。虽然到目前为止还没有一个很肯定的答案，对于地球上生命

图55 考察海底热水喷口

的起源总的可以归纳为两种学说。

一种是地球内部起源说。1.俄罗斯生物化学家奥巴林（A. I. Oparin）在1922年提出了"原始汤"生命起源说。他认为早期大气中可以形成甲醛、醇类等碳氢化合物，这些物质随着大气降水在地表低洼处聚集，形成"原始汤"；这些碳氢化合物在"原始汤"中发生一系列的化学反应，使碳原子链不断增长，形成蛋白质、核酸、类脂等生物大分子；这些生物大分子进一步聚集形成"团聚体"，再通过"时间组织化"（进化）过程产生细胞，生命就出现了。2.生命海底热水喷口起源说（图55）。在热水喷口处由于温度高和压力大，各种矿物质又比较丰富，可以发生一系列的化学反应，也能够形成氨基酸等有机物，最终形成生命，且由海底逐渐向海水的浅处和表层扩展。

另一种是宇生说（图56）。瑞典化学家阿伦纽斯（S. Arrhenius）曾设想，在宇宙空间已有生命的存在（以孢子的形式存在），在光辐射的推动下游动，在某个时候一些孢子偶然掉落到地球上并繁衍开来，于是就有了今天地球上的生物面貌。

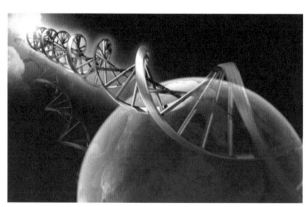

图56 有一种观点认为，地球生命来源于宇宙

生命起源是一个世界性的科学难题，现今没有解决，可能在未来很长的一段时间里也解决不了。但是人类还在不断地探索，也许有一天会揭开这个科学之谜。

最早的生命

地球上的生命是何时出现的呢？最早的生命又是什么样子的呢？目前已知最早的生命活动痕迹大约出现在距今39～38亿年前，是太古宙的初期。它是保存在格陵兰的变质岩中的生物光合作用形成的有机碳，并不是真正意义上的生物实体化石。这种变质岩是原来的沉积岩通过变质作用形成的，说明当时在水中存在生命的活动。如此看来，地球上生命出现的时间是很早的，在地壳形成的初期生命就已经出现了。

巅峰档案

形成化石需要具备哪些条件

远古生物死亡以后，被泥沙迅速掩埋在地下，皮肉很快腐烂消失，而骨、角、齿、壳等硬体部分在经历一番"石化作用"后，原来的成分被后来的矿物质所替换，变成了具有原来形态的"石头"，这就是化石。那么形成化石需要具备哪些条件呢？简单来说，要形成化石，首先生物本身要具有一定的易于保存的硬体，如蚌蛎的贝壳、脊椎动物的骨骼等，这些由矿物质组成的硬体比起软体（皮肤、肌肉以及各种器官）来不易毁灭。第二个条件是生物在死亡以后必须被泥沙迅速掩埋，否则它们的遗体很快被氧化、腐烂，即使是坚硬的贝壳、骨骼之类，年深月久，遭受风化腐蚀，也会变成粉末，会因随风飞扬或流水冲蚀而消失。第三个条件是埋藏着的生物要在一定时间内，经过固结、充填、换质等石化作用，才能形成化石。

真正的生命实体化石的最早记录是35亿年前的丝状或圆形细菌化石（图57）和蓝绿菌化石，化石非常小，只有几十微米，必须在显微镜下才能看清楚。这些最早的化石发现于澳大利亚的瓦拉伍那群和南非的翁维瓦特群中。目前在中国还没有发现这么早的化石。

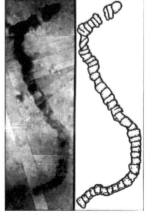

图57 澳大利亚的瓦拉伍那群种丝状细菌化石（据中国数字科技馆）

地球早期的生命形式

地球的拓荒者——蓝绿菌

  蓝绿菌（图 58），又叫蓝绿藻、蓝藻或蓝细菌、蓝菌，颜色呈蓝绿色。它属于单细胞的原核生物，没有细胞核，是一种最简单、最原始的藻类，含叶绿素和藻蓝素，因此能进行光合作用。蓝绿菌的生命力非常顽强，可以耐受高温、冰冻、干涸、高盐度、缺氧、强辐射等环境，所以从茂密的森林、酷热的热带到冰天雪地的极地，由海洋到山顶，在 85 摄氏度的温泉、零下 62 摄氏度的雪泉、7% 高盐度的湖沼、干燥的岩石等环境下，蓝绿菌均能生存。蓝绿菌是一个庞大的家族，现今已知的蓝绿菌约 2000 种，中国有记录的约 900 种。

  蓝绿菌出现得很早，是地球上出现最早的生命，这可能是由于蓝绿菌生命力强，可以忍受极其恶劣的环境。蓝绿菌虽然原始，个体很小，也很不起眼，但它的出现改变了地球面貌。如果没有蓝绿菌的出现，地球也不会有今日的景观。它自太古宙的初期出现，一直发育至今，足足有 35 亿年的历史。在漫长的历史长河中，蓝绿菌很保守，在结构上没有

图58 蓝绿菌

发生什么变化，但它很顽强，在极其恶劣的环境下坚强地生存着，总是在水体中静静地生长和发育，拓荒着地球。就是这不起眼的蓝绿菌，在进行光合作用的过程中，"吃进"（吸收）大气中的二氧化碳，而"吐出"（释放）氧气来，从而改变了地球的大气和水体环境，就是它默默无闻的耕耘，才使得氧气在地球大气层中逐渐累积起来，把原来极其恶劣的酸性、还原的大气环境改变为富氧环境，同时降低了大气温度，使水体和大气环境更适宜后来生物的生存。有了蓝绿菌的拓荒，地球上才有了后来的生物发展，也有了当今地球的繁茂。

蓝绿菌对地球的拓荒过程很漫长，从蓝绿菌的出现到大气富氧至少经历了20亿年。虽然在后来出现了一些其他类型的植物，也加入到对地球环境的改造过程中，但蓝绿菌是开拓者，是地球生命的先驱。

今天人们对蓝绿菌的印象不是很好，往往把它的发育看成是水体污染的标志，对其敬而远之。更严重的是某些蓝绿菌种类会产生毒素，对鱼类、人畜产生毒害，严重的可诱发肝癌。在水体中蓝绿菌大规模地爆发，被称为"绿潮"。我们知道蓝绿菌多数生长在淡水中，因此在现今陆地水体中是比较常见的，尤其是在一些被污染的富营养化或水体不流畅的水沟、湖泊、池塘中，蓝绿菌很容易迅速生长，我们常常看到在这些水体的表面漂浮着一层蓝绿色的非常细小的浮沫，略带腥臭味，这就是蓝绿菌。"绿潮"可以看成水体被污染的一个标志。"绿潮"覆盖在水体表面能阻隔水体与大气之间的气体交换，从而引起水质进一步恶化，严重时耗尽水中氧气而造成鱼类的大量死亡。其实这也怪不得蓝绿菌本身，很多情况是人类自身造成的。人类使用化肥、排放生活废水和工业污水、养殖畜禽等是引起蓝绿菌发育的主要因素。但不管如何，我们都不要忘记它拓荒地球的伟大功绩，没有它就没有今天适宜生物生存繁衍的环境。

孤独的生命

生命在地球上刚出现时（太古宙初期），不管是出现在海水的表层，还是躲在海洋深处的热水喷口，都非常稀少，难以寻觅。而且生物种类非常单调，就是蓝绿菌和古细菌。生命虽然出现了，但只有在海洋一些特殊的地方才有它们的活动，海洋还很寂静，生命显得很孤独。到了太古宙末期至元古宙的初期（距今 25 ~ 20 亿年间），才迎来了生命的第二次发展，出现了真核细胞生命，生命在海洋中开始喧嚣起来。

地球上的生命来之不易，虽然不是上帝赐予，而是自然环境演化的产物，但又胜过上帝赋予。当今地球上的生命很繁盛，也很喧嚣，但我们还是说地球上的生命很"孤独"，因为生命在宇宙中太珍贵，太稀少了。在我们所能探测到的星球上还没有发现生命，我们没有"同伴"，外星人只是一个美好的幻象而已，何时能找到，现在还没有答案。

生命在海洋中发展

灾难之后的海洋

　　海洋是地球生命的摇篮，也是生命生存发展的美好家园，还是生命的避难所。可以说没有海洋就没有生命，也没有地球的今天。尽管几十亿年来海洋环境发生了巨大变化，但生命一直在延续着、发展着，而且是越来越壮大，生命形式越来越高级，任何灾难也没有摧垮生命，生命就这样顽强地生存下来。

　　在距今 8 亿年前，一场气候灾难降临地球。在那时，全球气温急剧下降，降温幅度达几十摄氏度，冰雪大量累积起来，几乎覆盖了整个地球表面，大约在 6 亿年前后达到了登峰造极的程度，地球被冰封起来了。这场气候灾难对地球上的生物来说是致命的，虽然导致了大量生物的灭绝，然而并没有导致所有生物的消失，一些顽强的生物在海底的液态水中生存着，等待复苏的时机。这场气候灾难持续到5.5亿年前才结束，这时全球气温快速上升，冰雪也快速地被融化掉，终于迎来了生物发展的"春天"。万物开始复苏，海洋又繁忙起来，这真是黎明前的黑暗。

这场气候灾难的结束，也标志着元古宙的终止，地球发展历史进入了一个新纪元——显生宙。显生宙的第一个纪就是寒武纪，进入寒武纪，全球的气候都比较温暖湿润，海洋的环境也很适宜生物的发展。因此当地球历史跨入寒武纪，在经历了晚元古宙那段"黑暗"时期之后，生物得到了巨大的发展空间。很多种类的生物在这个时期快速涌现，海洋就像是一个装满各种生物的"口袋"。当把这个"口袋"打开时，各种各样生物就"跑了出来"，其发展速度之快让科学家都感到震惊，因此地质学家把这个时期的生物快速发展现象称为寒武纪生物"大爆炸"。其实，生物"大爆炸"这个词用得不一定很准确，用生物"大爆发"可能更确切些，不管是用哪一个词，都说明了这个时期生物发展的特点。

澄江动物群化石

中国云南省澄江县的抚仙湖畔，有一座小山丘名为帽天山（图59），

图59 云南澄江帽天山位置及其远景（据陈均远）

图60 云南澄江动物群化石及复原图（据陈均远）

海拔约2000米，它由一种称为页岩的沉积岩组成，一层层整齐地排列在那里，这些页岩在寒武纪早期的浅海环境下形成，保存有非常丰富和完整的珍贵化石，揭开了5.3亿年前寒武纪生物大爆发事件的秘密。科学家把在帽天山发现的化石群称为澄江动物群，它是20世纪世界上最伟大的化石发现之一。

澄江动物群已发现了210多种植物和动物化石，其中动物化石近200种（图60），化石保存之完好和数量之多让世人震惊。动物的遗体能保存下来成为化石这本身就是一件不易的事情，而在澄江动物群却保存了大量的软体动物，如水母，这就更罕见了。有些动物的软体组织保存得还很完整, 栩栩如生, 如表皮、感觉器、纤毛、眼睛、肠、胃、消化腺、口腔和神经等都被保存下来, 甚至有的动物好像在临死前还饱餐一顿, 消化道里残留的食物仍可辨认。能保存如此完整的化石只能用惊奇来表述了。在澄江动物群中, 发现了多孔动物、刺胞动物、栉水母、触手冠动物、帚虫动物、星虫动物、内肛动物、环节动物、线形虫动物、鳃曳动物、奇虾类、叶足动物、毛颚动物、腕足动物、软体动物、软舌螺类、节肢动物、棘皮动物、古虫动物、尾索动物、头索动物、脊索动物、开腔骨动物等。此外还有很多目前分类还不清楚的动物, 既有形态各异的动物, 如满身长足和长眼的维网虫, 晶莹剔透的水母, 长很多触角的海葵, 奇怪的虾; 也有生活方式不同的动物, 如浮游的, 游泳的, 在海底爬行的, 还有穴居的, 澄江动物群是一个天然的动物博物馆。

繁忙的海洋

跨入寒武纪后, 地球已脱离了冰天雪地的环境, 处在不断升温的状态, 在晚元古宙形成的冰川消融了, 导致了大规模的海侵, 海平面快速上升, 海洋的面积进一步扩大, 为海洋生物的繁盛创造了条件。在寒武纪初期的生物大爆发, 生物在海洋中快速地发展起来。一些原始无脊椎动物逐渐演化发展成具有硬壳的无脊椎动物, 也出现了少数脊椎动物的原始类型。生物从无壳到有壳的变化, 给我们带来了两个方面的信息: 首先是生存环境向更有利的方面变化, 浅海面积扩大, 海水变得温暖, 含有正常盐分和大量溶解的碳酸钙, 从而满足了无脊椎动物分泌硬体骨骼和壳体的需要; 其次, 生物具备硬壳后更能适应多种环境, 也增强了自我保护功能, 在生存竞争中向有利于自身方面发展。这些变化使生物在海洋中快速发展壮大起来, 出现了一个欣欣向荣的海洋。

在寒武纪, 海洋中最为繁盛的一种动物是三叶虫 (图61)。它的背壳纵向分为三部分，因此得名。三叶虫属于一种节肢动物，它从寒武纪初开始出现，一直到 2.4 亿年前的二叠纪完全灭绝，历经 3 亿多年，可见它是一类生命力极强的生物。三叶虫在距今 5 ~ 4.3 亿年间的寒武纪发展到鼎盛，因此有人把寒武纪叫做"三叶虫的时代"。三叶虫能生存这么长的时间，与它有多种生活习性有关。有些种类的三叶虫喜欢游泳，有些种类的三叶虫喜欢在水面上漂浮，有些种类喜欢在海底爬行，还有些习惯于在海底泥沙中生活，占据了不同的立体生态空间，在海洋的各处都有它的身影，它堪称"海洋界的霸主"。在这个时期除了三叶虫外，还有很多其他门类的生物，如珊瑚、腕足动物、头足动物等，整个海洋是一派繁忙的景象。

图61 寒武纪时期的三叶虫（据化石网）

在寒武纪之后的奥陶纪，生物同样繁盛（图62）。在奥陶纪的早期，海侵范围进一步扩大，海洋生物的生存空间也进一步扩展。这一时期，还是海生无脊椎动物的天下，种类繁多，生活习性各异，从海洋的表面到海底都被它们占据。在奥陶纪，主要生物种类除三叶虫外，还有笔石、牙形刺动物、腕足类、腹足类、头足类等，另外还出现了原始的鱼类。当时的海洋中，各式各样的笔石随处漂荡，这是一种脊索动物。各种鹦鹉螺、角石在四处觅食，三叶虫及腕足类在海百合组成的"丛林"中缓缓爬行，还有许多蠕虫类和节肢动物藏匿在藻丛和泥沙中，形成一派生机勃勃的景象。

图62 奥陶纪的海洋生物（据化石网）

在奥陶纪最繁盛的门类是头足类动物，如鹦鹉螺、角石等。头足类动物因头和足部全都发育在身体的同一侧而得名，现代的章鱼、乌贼、鹦鹉螺等都属于此类。在当时头足类活动范围很大，从浅海到大洋深处，从热带到寒带都有它们的踪迹。在无脊椎动物类群中头足类是非常进步的种类，它有 8～10 条活动方便、具有很强抓握力的触手，有能抵御敌害攻击的坚硬壳体（有的种类骨骼在内部，如乌贼）。它们与众不同，性情

图63 角石化石

凶猛，是食肉动物，常捕食其他动物。它们从寒武纪开始出现，在奥陶纪迅速发展成为海洋中的一霸。在奥陶纪，最繁盛的头足类是角石（图63），因其形态像牛或羊的角而得名，在那时的海洋到处可以见到各种形态的角石，可以说奥陶纪是一个角石的时代。

图64 笔石化石（据化石网）

到了志留纪，虽然有些生物门类衰退了，如三叶虫、头足类，但其他门类的生物繁盛起来，如双壳类、腹足类、珊瑚、无颌类等，海洋依旧是一片繁忙景象。在这个时期，笔石达到繁盛的顶峰，海洋中到处漂浮着笔石（图64）。在志留纪，植物开始登陆，抢占陆地，在海洋中更进步的有颌类动物（盾皮鱼类和棘鱼类）出现，这是志留纪最重要的生物演化事件。

鱼类的时代

上面我们讲了一些有关无脊椎动物的演化历史，那么脊椎动物演化情况又是如何呢？我们知道，人属于脊椎动物，脊椎动物的演化历史与我们的关系更为密切。科学研究表明，脊椎动物是从脊索动物演化而来的，现今存有的脊索动物是文昌鱼，它被称为"活化石"。目前发现最早的脊索动物化石是云南虫（图65），它出自云南澄江动物群，也就是说在寒武纪生物大爆发时脊索动物就出现了，可谓历史悠久。

图65 云南虫生活景象复原图（据陈均远）

在脊椎动物演化的历史中，鱼是一类原始的脊椎动物，它有很多种类型，其中无颌类是最古老的鱼类，它在寒武纪的早期（5.3亿年前）就出现了，比如发现于云南昆明的昆明鱼、海口鱼

图66 甲胄鱼（据http://baike.baidu.com）

就属于无颌类，现今的七鳃鳗就是这类的代表。无颌类虽然出现得很早，但一直到泥盆纪才大量繁盛起来，出现了明显分化和辐射。在无颌类中，有一个非常重要的类群是甲胄鱼（图66），它在泥盆纪非常繁盛，遍及了当时的海洋，成为海洋中的新霸主，因此人们把泥盆纪称为"鱼类的时代"可谓名副其实。甲胄鱼与现今的鱼类差别很大，它的体表具有发育较好的由骨板或鳞甲组成的甲胄，故此得名。甲胄鱼种类繁多，包括骨甲类、缺甲类、异甲类等，体型大小不一，小的几厘米，大的几十厘米，它们的生活方式也多种多样，有游泳的，也有底栖爬行的，但多数种类在海底过着爬行生活，缓慢移动，靠吮吸方式在海底觅食（图67）。

图67 当时甲胄鱼的生活景观（据http://www.northedu.cn/displaypage）

生命的冒险
——从海洋到陆地

谁最早登上陆地

海洋是一位伟大的"母亲"，它不仅孕育了地球上的生命，还细心地呵护着生命。生命从出现（39亿年前），到离开海洋登上陆地（4.2亿年前），在海洋中整整生活了35亿年之久。

在生物演化史上，生物登陆是一个非同小可的生物演化事件，其重要性不亚于生命起源。对于生命来说，跨出这一步也是一个极其严峻的挑战，因为登上陆地的生命失去了海水的保护，直接暴露在阳光辐射之下，生命受到死亡的威胁。尽管如此，还是有生命跨出了这一步，这些先驱者为后来的地球创造了一个优美的环境。我们说蓝绿菌是地球的拓荒者，那么最早登上陆地的生物就是陆地的拓荒者。

不是所有的植物都可以登陆的，它必须在具备了一定的条件后才能登上陆地并生存下来。首先是要有保存水分的能力，因为陆地干燥，蒸发量大，如果没有保存水分的能力，即使登陆也会因水分快速蒸发而死亡，因此植物的表面要有一层保持水分不被蒸发的皮；其次是植物要有维管结构，能从根部向植物的末端输送养分和水分；再次，植物要具有适应干旱环境的繁殖能力；还有植物要有根系能固着在陆地的土壤中，否则就会被风吹走。如果具备了上述的 4 个条件，植物登

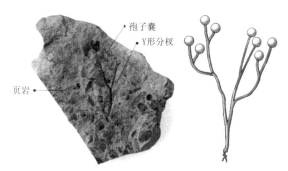

图68 库克逊蕨化石及复原图
（据http://www.ganvana.com）

陆才有可能成功，而库克逊蕨（图 68）就具备了这些条件，因此它登上陆地后能存活下来，完成了历史的跨越。当然，最早登陆的植物还不能完全脱离水体，往往是生长在水体与陆地之间的沼泽环境中。因此，植物刚开始登陆时是生长在海边，后来才逐渐向陆地腹部挺进，最后形成了完全能脱离水体生长发育的种子植物。最早的裸子植物化石发现于 3.5 亿年前的泥盆纪晚期，这样算来从植物登陆到种子植物出现经历了 7000 万年的演化。最早的被子植物化石发现于 1.4 亿年前的侏罗纪，被子植物更能适应恶劣的生长环境。

植物为什么要冒险登陆呢？植物在海洋中经历了漫长的演化过程，到了志留纪出现了比藻类更进步的蕨类植物。蕨类植物有根系，能固着在海底泥沙中生长，当时这类植物就生长在海岸线，它的茎已露出水面，能适应没有水浸泡的环境。可能是由于海水的潮起潮落，或是波浪运动，使生长在海岸线附近的蕨类植物时而被海水淹没，时而露出水面，久而久之这些蕨类植物就适应了脱离海水的生长环境，并向陆地进发。在植物登上陆地之前，陆地上虽然有湖泊山川，但没有生物，到处是死一般的寂静。随着植物登陆，这一切都改变了。经过早期蕨类植物的扩张和

谁是陆地的拓荒者

从目前的化石发现来看，最早登上陆地的植物是一种蕨类，称为库克逊蕨。库克逊蕨化石最早发现于英国威尔士志留纪和泥盆纪最下部的地层中，后来在爱尔兰、捷克、利比亚和玻利维亚同期地层中也有发现，时代约4.2亿年前。库克逊蕨个体很小，只有几厘米高，由纤细的、没有叶或刺的分杈茎轴构成，茎轴分杈简单，为二歧式分杈（呈Y形），典型的库克逊蕨每一杈枝顶端具有小的孢子囊。库克逊蕨是一种维管植物，它的光合作用比藻类更强，能产生更多氧气和吸收更多的二氧化碳，因此对大气的改造作用更强，使大气更富氧。植物在陆地上生长，加速了岩石的风化作用，并形成土壤，为其他类型植物在陆地生长创造条件。我们说库克逊蕨是勇敢者，是开拓者，冒着生命危险登上陆地，它的登陆给陆地和地球环境都带了前所未有的变化，为后来的动物登陆开辟了道路。

改造，陆地上的植物越来越多，环境越来越好，到后期就出现了裸子植物、被子植物，陆地环境被彻底改变了，形成欣欣向荣的景象。

最早登陆的动物

在植物登陆后，动物也跃跃欲试了，大约在植物登陆之后2000万年，动物也跨出了历史的一步，登上陆地，从此陆地上才有了动植物欣欣向荣的景象。

根据化石的发现，最早登陆的动物是总鳍鱼（图69）。总鳍鱼是一种生活在淡水湖泊中的鱼类，这说明当时总鳍鱼可能已脱离了海洋环境，来到了陆地河湖中生活。化石总鳍鱼具有鳔（肺），它腹部的偶鳍基部有发达的肌肉，鳍内骨骼排列与陆栖两栖脊椎动物的四肢骨构造相似。

这种肉质鳍不仅能支撑身体，而且能在一定程度上沿陆地爬行。这些结构的发育为它登上干旱的陆地创造了条件。现今仍然生存的总鳍鱼只有空棘鱼类的矛尾鱼一种了，它被认为是"活化石"。总鳍鱼化石最早出现在泥盆纪的早期，如在中

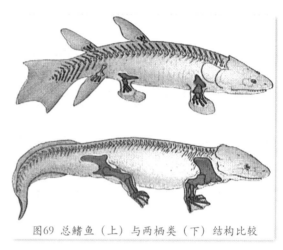

图69 总鳍鱼（上）与两栖类（下）结构比较

国云南下泥盆纪中发现的杨氏鱼就是这方面的代表。后来，2000～2007年间在波兰发现了3.95亿年前的四足动物脚印化石（图70），被认为可

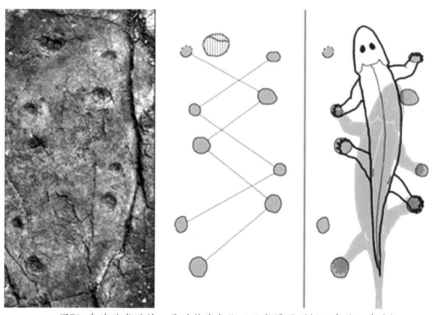

图70 在波兰发现的四足动物脚印化石及复原图（据《自然》杂志）

能是第一批登上陆地的四足动物。不管怎样，大约在4亿年前动物就登上了陆地。陆地不像海洋，它的环境是多变的，登上陆地的脊椎动物为了适应新环境，自身也在不断进化，逐渐演化出现了两栖类、爬行类、鸟类、哺乳类，最终人类才登上了历史的舞台。

鱼类为什么离开适应它们生存的水体，而走向干旱的陆地呢？不同的学者有不同的解释。有人认为当时陆地比较干旱，强烈的蒸发导致湖泊水体干涸，而这些总鳍鱼具备了用肺呼吸的能力，而且具有发达、能支撑身体、可爬行的肉鳍，因此就从一个干涸的湖泊爬行到另一个有水的湖泊，久而久之它们就适应了无水的生存环境。也有人认为当时温暖湿润的气候使湖泊大量富集有机物，消耗了水体中大量游离氧，使水体缺氧，这样就迫使总鳍鱼离开这些湖泊，爬上陆地寻找新湖泊。还有人认为是潮汐作用的结果，涨潮时潮水把总鳍鱼推向陆地，而退潮时这些鱼类没有及时回到水体中，这样也能迫使它们适应无水的环境。

蕨类植物的发展时代

从蕨类植物登上陆地开始，经历了近1亿年的发展，到了石炭纪和二叠纪，蕨类植物在陆地上繁盛起来，同时还有大量的裸子植物，在陆地上形成了有史以来最茂密的森林（图71）。

在石炭纪，气候温暖湿润，地形比较平坦，非常有利于蕨类植物的生长和发育。已经登陆的蕨类植物先是在滨海地带发育，然后逐渐向大陆内部延伸，并得到空前的发展，形成大片的森林。不过蕨类植物的生长还离不开水体，因为这些植物的繁殖靠的是孢子，孢子在水体中才能发育生长，因此在地形比较低洼的沼泽地带，才有这些蕨类植物。在石炭纪晚期，中国从中原到华北是一片地势低矮平坦的滨海沼泽。在这片沼泽地带发育了茂密的森林，一眼望不到尽头，构成森林的主要植物有鳞木、古芦木和种子蕨类，在地势稍高的地方发育有裸子植物（如苏铁、松柏、银杏等）。在这片广袤森林中，既有高大的乔木，也有茂密的灌木。那时的蕨类植物比现今的要高大得多，根深叶茂，比如鳞木高可达 38 米以上，茎部直径可达 2 米，石松高达 40 米，木贼的茎也可

图71 石炭纪和二叠纪的蕨类植物

长到 20 ~ 40 厘米粗。这种森林景观一直持续到二叠纪。

　　蕨类植物除在石炭纪和二叠纪繁盛以外，在中生代也是很繁盛的。在中生代，我国气候炎热，从东到西，由南至北，发育了大量的内陆湖泊和沼泽地，规模大小不一。各种各样的蕨类植物发育在湖边、河边和沼泽地中（图72），主要的种类有低矮的石松、卷柏等，高大的乔木有新芦木、木贼、苏铁、桫椤等，不过到后期的木贼就非常细小了。另外，在该时期还有大量的裸子植物发育，如松、银杏、杉、柏等，到后期出现了一些被子植物，如桦、槭、榛、山毛

图72 侏罗纪植物群面貌（据http://www.huanqiu.com）

榉等。中生代是恐龙繁盛的时代，大量蕨类植物发育，尤其是桫椤，为其提供了丰富的食物。在成片发育蕨类植物的沼泽地带，当植物死亡倒下后，暴露在大气中的植物枝干和叶很快被风化、腐烂分解掉，但仍有不少的枝干倒伏后沉到水底，并被稀泥覆盖与大气隔绝，使其被封闭在还原环境中，避免了风化作用和细菌、微生物的破坏。在沼泽中，每年都堆积一层植物枝干残体，年复一年，层层加积，堆积越来越厚。这些植物残体堆积经过压实，在生物化学作用下，最终可转变成煤。要形成1米厚的煤，需要20米厚的原始植物残体堆积物，经历一段漫长的时间。我国石炭纪、二叠纪和侏罗纪是最主要成煤时期，因为这三个时期沼泽发育，蕨类植物茂盛。

恐龙的时代

恐龙这一名词最早于1842年由英国古生物学家理查德·欧文爵士提出，意思是"可怕的蜥蜴"，其实恐龙根本就不是蜥

图74 马门溪龙

蜴。在中国,科学家们很有创意地把其翻译为"恐龙",意为"恐怖的龙",借用了中国传说中的"龙",实际上恐龙与传说中的"龙"也是毫不相干。恐龙在2.4亿年前的三叠纪初出现，到6500万年前的白垩纪末灭绝，繁盛了1.7亿年之久，跨越了整个中生代，当时的海、陆、空都被恐龙占据，它无处不在，因此中生代被称为"恐龙的时代"。

恐龙为爬行动物，与蛇、蜥蜴、乌龟、甲鱼等同属于一大类，其繁

图73 恐龙蛋化石（据化石网）

殖方式为卵生，孵化出小恐龙（图73）。但恐龙的孵化方式跟鸟类可不同，恐龙将蛋生在湖边的沙滩中，靠阳光的热量把恐龙蛋孵化出来，这与现今乌龟的孵化方式相似。如果阳光不足，大气温度偏低，恐龙蛋就不能孵化，那么它们也没有了后代，因此恐龙必须生存在炎热的气候环境中。

中生代的炎热气候和蕨类植物为恐龙的发展提供了良好的生存条件，因此恐龙从三叠纪出现，在侏罗纪就快速地发展起来，形成了门类众多的庞大群体。到了白垩纪，凶猛、残暴的食肉恐龙达到了繁盛的顶峰。从食性来看，有食草的恐龙和食肉的恐龙。食草恐龙出现得比较早，这类恐龙个体都比较大，如我国的

图75 霸王龙（据http://www.shm.com.cn）

马门溪龙体长达16～30米，体重达20～30吨（图74）；食肉恐龙到后期才出现，在个体上相对小些，但也有个体大的，如大家熟悉的霸王龙（图75）长达13米，棘龙（图76）体长达19米，体重在8～30吨之间，真可谓地球的霸主。在生活习性上，大

图76 棘龙（据化石网）

图78 翼龙

多数恐龙习惯于在陆地上行走的生活方式，如剑龙、霸王龙、马门溪龙；有些恐龙生活在水中，如鱼龙、蛇颈龙（图77）；还有少量的恐龙翱翔在空中，如翼龙（图78）。就恐龙的个体大小而言，差别非常大，大的如几十头大象，有6层楼那么高，如震龙体长39～52米，体高18米，体重130吨，它与马门溪龙、梁龙、雷龙、腕龙都属于同一类；而小的如一只鸡，在中国内蒙古乌拉特后旗发现一种恐龙化石，其身长只有25～30厘米。在侏罗纪，有一种会飞的恐龙，在其"翅膀"上长出了羽毛，它的飞翔功能进一步增加，在身体结构上也发生了一些变化，它最终演变成鸟，因此科学家认为鸟是从恐龙演化而来的。在中国辽宁西部的朝阳地区以及内蒙古宁城县，发现了鸟类祖先的化石，它介于恐龙与鸟之间的过渡类型。

白垩纪末期的生物灭绝事件是继二叠纪末期的灭绝事件之后的又一次重大生物演化事件。这次事件导致了大量动植物灭绝，持续时间约几百万年，恐龙完全消失，在北美洲有接近57%的植物物种灭亡，有接近60%的石珊瑚灭绝，但哺乳动物、两栖类存活了下来。这次生物灭绝事件比二叠纪末期的生物灭绝事件轻，并没有造成绝大多数的生物灭绝，只有繁盛一时的恐龙全部灭绝了。

有关恐龙灭绝原因的观点很多，不下几十种，在这里给大家介绍目前比较流行的几种观点。一种观点是小行星撞击说。在大约6500万年前后，一颗直径 10 千米的小行星以每秒 40 千米的速度向地球飞驰而来，重重地撞到地球上（图79）。这次撞击释放出来的能量相当 1.2×10^9 兆吨 TNT，溅起的尘埃达 1×10^{14} 吨，引发了 10 级地震，引起的海啸浪高达 5000 米。地球上顿时火山喷发，大雨滂沱，山洪暴发，泥石流和海啸将恐龙卷走并埋葬起来。在以后的数年里，尘埃还没有散去，天空依然乌云密布，地球因终年不见阳光而气温骤降，喜欢炎热气候的恐龙在沉寂、饥寒、

图77 蛇颈龙

无声、绝望中死去。白垩纪末期小行星撞击地球的事实已被科学研究证实：在白垩纪与古近纪的界线上，发现地层中的微量元素铱异常富集，是正常值的 30 ~ 130 倍。这种微量元素在地壳岩石中非常少见，而在陨石中常见。它是亲铁元素，在地球圈层形成过程中富集到地核中。由此可以推断白垩纪与古近纪界线上的铱元素富集是由小行星撞击带来的。

另一种观点认为恐龙灭绝是气候突变造成的。科学研究表明，在白垩纪末期的确发生了气候变化，地球的气温发生了大幅度下降，造成大气含氧量降低，令恐龙无法生存。也有人认为，恐龙是冷血动物，身上没有毛或保暖器官，无法适应地球气温的下降，都被冻死了。还有一种观点认为恐龙灭绝是被子植物的繁盛导致的，在陆地上生长的被子植物比蕨类植物更具有优势，因此它大量繁殖，占据了更大的生存空间，而

图79 据推测，是小行星撞击地球造成了恐龙灭绝

恐龙喜欢吃的蕨类植物大量减少，食量巨大的草食性恐龙因食物短缺而饿死，肉食性恐龙也因草食性恐龙减少失去食物来源而死亡。还有一种观点认为是食物中毒死亡，恐龙时代的末期，地球上的蕨类植物和裸子植物逐渐减少，取而代之的是大量的被子植物，这些植物中含有裸子植物中所没有的毒素，形体巨大的恐龙食量奇大，摄入被子植物导致体内毒素积累过多，最终被毒死了。食肉恐龙将有毒的肉吃下后也被毒死了。另外，还有氧气过量中毒说、地磁变化说、火山喷发说、物种竞争说等。总之，为何繁盛了1.7亿年的恐龙在很短的时间内全部灭绝，这是一个科学之谜，要完全揭开这个谜还要进行深入的科学研究，找到更多的科学证据。

生物繁盛的新时代

恐龙的灭绝标志着一个时代（中生代）的结束，从此地球进入了一个新时代（新生代）。顾名思义，地球的生物面貌一新，出现了很多新生种类，在生物演化历史上，最高级的生物——哺乳动物开始繁盛起来，最终统治了地球。

由于哺乳动物是恒温动物，胎生哺乳，对环境的适应能力更强，能克服一些恶劣的环境，进入新生代后它就快速地发展起来，主宰了地球生物界。正因哺乳动物具有这些优点才使它躲过了白垩纪末期的那场灭顶之灾，不至于灭绝，反而迎来了一个发展的新时代。在地球刚跨入新生代时，气温逐渐回升，环境逐渐恢复，哺乳动物也刚走出那场噩梦般的灾难，它们能躲过那场灾难已经是很幸运了。在古近纪（6500～2300万年前）初期，哺乳动物数量不多，个体都比较小，有的像现今的老鼠，如多瘤齿兽、貘鼠兔、假古猬等，有的像猫、狗那么大，如古脊齿兽、古柱齿兽、中兽、阶齿兽等。到了新近纪（2300～260万年前），马类大量发育起来，有安琪马、三趾马，象、犀牛和鹿也比较繁盛。在当时的中国，从华北、西北，到云南、西藏，是一片开阔的大草原，地形比较平坦，上面奔跑着一群三趾马。

哺乳动物出现的时间很早，在三叠纪晚期，只是比恐龙稍稍晚了一点而已。但在中生代，个体庞大的恐龙占据了有利的生存空间，得到了快速发展，而个体很小的哺乳动物的生存空间受到了严重的影响，所以在中生代哺乳动物发展得很缓慢，在1亿多年的时间里没有什么进展。

在白垩纪末期的6500万年前，当那场巨大的灾难席卷全球时，恐龙消失了，而哺乳动物躲过了那场灾难，延续到了新生代。那时的哺乳动物生存空间很大，动物之间的竞争少，生活得自由自在，因此它们快速

地发展起来。所以到了5000万年前后，
地球上的哺乳动物已非常繁盛了，出现
了各种门类，如奇蹄类、偶蹄类、恐角类、
踝节类、全齿类、肉齿类等，像恐角类、
踝节类、全齿类和肉齿类现今已完全灭
绝了。哺乳动物形态各异，个体大小差
别也很大，有个体硕大的巨犀，它高达5

图80 巨犀

米，体长7～9米，体重15吨，是已知最大的陆生哺乳动物（图80），
有头部怪异的尤因他兽、雷兽（图81）。在新近纪晚期（450万年前）
出现了人类的祖先。到了第四纪（260万年前至今）哺乳动物继续繁盛，
生物的面貌与现今差不多了，只是由于气候的变化，动植物发生了地理
上的迁移。

图81 尤因他兽（左）和雷兽（右）

人类的诞生

最早的人是什么样子

在地球经历了近46亿年的演化之后，人类出现了。人是地球上所有生物中最高级的动物，也是最有智慧的动物。人类在地球上出现是生物进化史上最伟大、最重要、最成功的进化事件，其意义超越了以前所有的生物进化事件。

从现今科学研究所获得证据来看，人应该从猿进化而来。猿是一种高等的灵长类，如大猩猩、黑猩猩都属于猿，它们四足行走，偶尔也可以两足行走，智商较高，生活在热带丛林中。人与猿有很多的不同，其中一个很重要的区别是人完全可以两足站立行走，而猿却不能做到这一点。

在过去的一个多世纪，科学家一直在苦苦寻找着人类化石，试图解开人类起源这个科学之谜。19世纪40年代，科学家在西班牙的直布罗陀发现了人类化石，1856年又在德国尼安德特河谷中发现了比较完好的人类化石，后来研究表明这只是早期智人而已，即尼安德特人。到了

1890年，在东南亚的印度尼西亚爪哇岛，荷兰军医杜布哇发现了结构原始的人头骨化石，而发现的大腿骨表明这种人能站立行走。他认为这就是介于猿与人之间的过渡类型，人类的祖先找到了，因此将之命名为直立猿人。到了20世纪20～30年代，在中国北京的周口店，发现极其丰富的"北京人"化石，研究表明它与爪哇的古人类属于同类，现今都把它们归入了直立人。直立人也不是人类的祖先，只是人类演化进程中一个中间阶段的古人类。

在1924年，南非的一位人体解剖学家达特在一个叫汤恩的地方发现了一个年幼的猿类头骨化石。他经过仔细研究后发现，这个头骨与一般的猿类头骨不同，虽然它结构原始，但这个头骨可以稳定地长在脊椎骨的上端，说明这个小孩可以两足直立行走。因此，达特认为这就是我们一直苦苦寻找的人类祖先，并将之命名为南方古猿。

图82 南方古猿"露西"复原图

由路易斯·利基领导的研究小组，以及他的儿子理查德·利基领导的研究小组，在东非裂谷中（埃塞俄比亚、肯尼亚、坦桑尼亚）发现了非常丰富且保存完整的南方古猿化石，尤其是由约翰逊领导的研究小组发现了一具保存有40%骨骼的女性南方古猿遗体化石，将它命名为"露西"（图82）。这些化石的发现，使我们对南方古猿的特征了解得更清楚。在很多特征方面，南方古猿是向人类靠近的，这就进一步确立了南方古猿是人类祖先的位置。南方古猿的生存时间比较早，大约从 400 万年前出现，一直生存到 100 万年前。

20 世纪 90 年代，在埃塞俄比亚阿法尔，古人类化石又有了重大发现。在 1992 ~ 1994 年间，由蒂莫西·怀特（Timothy White）领导的研究小组在该地区发现一批丰富的化石，经研究，这种猿不仅能两足站立行走，而且牙齿的一些特征与人相似，因此被认为是人类的祖先，命名为始祖地猿（Ardipithecus），也尊称为雅蒂猿。始祖地猿比南方古猿出现的时间还早，大约在 450 万年前，后来发现的化石把出现时间再次向前推进到 580 ~ 520 万年前。

人为什么要站立

始祖地猿的祖先喜欢生活在丛林中，从这棵树跳跃到那棵树上，寻找着野果。始祖地猿站立起来，两足行走，抛弃了四足动物采用了几亿年的四足行走方式。人类正是拥有了两足站立行走的优势，才一直走到今天，创造出了我们现今的文明社会，并继续走向美好的未来。

地质学研究揭示了始祖地猿走出森林的秘密。当时全球气候变迁，东非高原变得干燥，原来茂密的热带雨林大片大片地死亡，取而代之的是大草原。由于环境的变化，人类的祖先失去了生活的森林，他们不得不离开生活已久的森林，来到草原上。他

们在森林生活时，行走于树上，已经训练了站立姿势，两臂也习惯向上抓握树枝来维持身体的平衡，这样手就逐渐失去了支撑身体和行走的功能。久而久之，始祖地猿的两足站立姿式就越来越好，当他们离开丛林来到草原时就用两腿行走了。人类祖先认为用两腿站立行走比四足行走具有很多的优势，这也是人类祖先能保存下来、向前发展的重要原因之一。第一个优势是扩大了视野，获得了更多的视觉信息，既能观察到更远的食物，也能观察到远处的天敌，这样提高了自己观察、防卫等生存能力。

其次是功能的转化，两足行走将手从支撑功能中解放出来，使手得到了更大的活动空间，发挥了更多的功能，如采摘、制造工具、携带幼子等，这样一个功能的转变给人类的神经系统带来了更多新的刺激，从而加快了人脑的发育以及功能的进化，才使人类创造了辉煌。

再者是站立行走增加了散热速度，减少了太阳辐射，对于生活在热带地区的早期人类来说加快散热速度是必要的。那时的人类满身是毛，在追逐打猎的过程中，通过快速散热来保存体力；还有是跨步行走方式比四足行走方式消耗的能量更少。

人类为什么会制造石器

石器的制作是人类一个伟大的创举，是人类在与自然环境的抗争过程中得到启发而发展起来的，也是人类智慧的结晶。人类开始制造石器的目的非常简单，就是方便采集食物和加工食物，让食物吃起来更

图83 新石器时代的石斧

为方便。制造石器也给人类带来了一片崭新的天地。

　　人类在野外寻找食物的过程中，也许是一次偶然的机会，在地上捡起一块石头砸坚果和砍断植物的块茎，发现比用牙齿咬碎坚果和用手掰断块茎要有效得多，也省劲得多，后来他们都用这种方法来切断块茎、树枝。后来他们还发现，如果把石块的一端加工得锐利些，用起来更方便，效率更高，由此人类开始制造石器，创造了人类文化。

　　石器是由不同种类的石头做成的。例如，玄武岩和砂岩可以制作石制磨具，燧石和角岩被削尖（或切成薄片）可以用来作为切东西的工具（图83）。木材、骨、鹿角、贝壳和其他的材料也被广泛使用。在石器时代的后期，黏土等物质被利用来制作陶器。

　　石器的制作与应用促使了人类的大脑、语言、文化、手的协调能力等方面的发展。首先是制造石器要选材，不是所有的石头（岩石）都可以用于制造石器，一定要坚硬，如石英、石英岩、砂岩等比较适合，早期人类在选材时就要思考、比较，这是一个思维活动，刺激大脑的发展；其次是制造石器时要有一定的技术（技巧），早期人类需要思考在石头什么部位加工、如何加工、加工成何形状等，这是有效促使大脑发育和提高智力的过程。

　　石器的出现最重要的是改变了人类进食方式。在石器出现之前，坚果也好，肉也好，人是直接用嘴啃的，这样造成人类的吻部很强壮，向前突。当使用了工具之后情况就发生了根本性的变化，人用工具把肉切碎，放入嘴中，其吻部就用得越来越少，这就造成吻部后缩，口腔的形态发生变化，形成适合发音的口腔，使人类的语言能力得到提高。到了后期，石器制造的技术越来越复杂，这种技术要靠直接的经验来传授是很困难的，必须有发达的语言才行，因此石器制造技术的复杂化又推动了语言的发展和智力的提高。

看来，人类制造石器在开始虽然是一个不经意的动作，其结果却是推动人类发展的重要动力。

人类的发展

人类从起源到现今大体上经历了南方古猿、能人、直立人、早期智人和晚期智人5个发展阶段（图84）。

南方古猿（*Autralopithecus*）大约生活在400～100万年前，是人类的早期祖先。从目前发现的化石来看，南方古猿只生活在非洲，没有离开过非洲。当时在东非地区，他们还是比较兴旺的一支，从北边的埃塞俄比亚到南边的坦桑尼亚都留下了他们的足迹，也有多个种类。南方古猿虽然直立行走，但在很多方面都是比较原始的，也不会制造工具，没有什么语言能力。因此，南方古猿虽然在生物分类上属于人科，但没有归到人属（*Homo*）这个范围，说明与真正的人还是存在一定的差异。

能人（*Homo habilis*）（图85）是从南方古猿演化而来的，具有一定的语言能力，会制造石

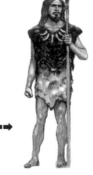

	南方古猿	能人	直立人	早期智人	晚期智人
年代/MaBP	4.40	3.00	2.00	0.30	0.05
石器文化	？	奥杜韦文化	阿舍利文化	莫斯特文化	旧石器晚期文化
脑容量/毫升	400	630	1000	1400	1600

图84 人类发展阶段（据程捷）

器，因此就把能人归到了人属中。刚开始时，科学家并不认识能人，认为它们都是南方古猿。当他们仔细检查南方古猿化石地点时，在有些地点发现了石器。这使科学家感到非常兴奋，他们意识到这是一个重要的发现，会制造石器的南方古猿，与那些不会制造石器的南方古

图85 能人在制造石器（据化石网）

奥杜韦文化的砍砸器（能人）

阿舍利文化的手斧（直立人）

莫斯特文化的尖状器（早期智人）

周口店第一地点雕刻器（"北京人"）

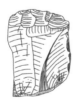

周口店第一地点刮削器（"北京人"）

周口店第一地点尖状器（"北京人"）

图86 不同阶段人类制造的石器

猿显然不同，前者应该是一个新的种类。这些南方古猿手很灵巧，制造出地球上第一块石器。虽然制造出来的石器还很粗糙，但这毕竟是地球上制造石器的第一人，就叫它为能人吧。能人的生存时代在 300 ～ 150 万年前，比南方古猿出现得晚，但灭绝得早。目前它的化石只在东非发现，如著名的"东非人"，所以能人也没有走出非洲。在中国有人曾经报道过有能人化石，但后来被否定了。

　　直立人（*Homo erectus*）是从能人进化而来的，它在很多方面都比能人进步。直立人生存于 200 ～ 30 万年前，它从非洲出现，后来有些直立人迁出非洲来到欧洲和亚洲，这大概是人类第一次离开非洲，走向世界。直立人的语言能力有了较大的提高，成年时的语言能力相当现今 7 岁小孩，制造的石器更精致。非洲的直立人创造了当时最先进的手斧文化，这些文化随着直立人走出非洲传播到欧洲和亚洲（图 86）。在中国发现了丰富的直立人化石，其中享誉世界的"北京人"是中国乃至亚洲的古人类最重要的发现。

巅峰档案

北京人的"生活"

　　"北京人"生活在位于北京市西南约50公里的周口店，他们一般会选择周围地势比较平缓、水源充足的山洞居住。一般是十几个人或者几十个人生活在一起，过着群居生活，靠狩猎野兽，捕捉鱼、蛙、蛇、昆虫，采摘植物的根、茎和果子等为生。他们已经会使用和保存火种，用火来取暖、照明、烧烤食物、驱赶入侵野兽。他们会把树木、石块和兽骨等制造成简单的工具，在获取食物和生活中均有分工合作。"北京人"身高大约在150～156厘米，寿命较短，主要生活在距今70～20万年前，被认为是现代中国人的直系祖先之一。

地球的寿命有多长

谁决定了地球的命运

地球作为宇宙大家庭中的一员，必然会受到来自宇宙空间各种因素的影响，如宇宙射线、各种粒子、彗星等。宇宙中的恒星除太阳以外，其他的离地球都非常的遥远，因此地球受到来自太阳系以外的因素影响比较少。而且地球处在太阳系行星的中间，外面还有很多行星，如木星、土星等，它们能起到一定的保护地球作用，减少了外来因素的影响，尤其是灾难性的影响因素就更少了。倒是太阳的发育和发展对地球的影响非常大，决定了地球的命运。

太阳（图87）是一个中等大小的恒星，在它的引力作用下，把行星吸引在它的周围，围绕它作旋转。恒星由于质量很大，温度也很高，在其内部不断地发生核反应，如氢聚变反应、氦聚变反应等，释放出大量热量来，使恒星不断升温。恒星的发展有其自身的规律，这取决于恒星的质量。

如果恒星的质量很小（小于1个太阳质量），其内部的核聚变反应非常的弱，这样的恒星就达不到红巨星阶段，直接演化形成白矮星，恒星消亡。小质量的恒星寿命很长，可达几百亿年，但由于发射出来的光和热少，即使在其周围有行星的话，也不能获得足够的热来满足生物的生长。

中等质量的恒星（1个太阳质量的恒星），其内部的核聚变反应相对温和些，可以发生氢聚变反应和氦聚变反应。这样的恒星的热膨胀既不会太猛烈，也不会太弱，恒星从形成，再经历主序星——红巨星——白矮星发展阶段，最后恒星消亡，其寿命约90亿年。

巨大质量的恒星（5个太阳质量以上），其内部的核聚变反应非常的猛烈，释放出大量的热量使恒星升温膨胀，以抵抗恒星的巨大引力作用。由于巨大恒星的核聚变反应过于猛烈，恒星膨胀得太大，形成一个巨大

图87　太阳

的红彤彤的"火球",这个阶段称为红巨星。这时恒星的引力作用都拉不住向外膨胀的物质,最终恒星物质向四周抛射出去,这就是超新星爆发,这颗恒星也就消亡了。处在恒星中央没有抛射出去的物质,在引力作用下聚集在一起形成中子星或黑洞。这种巨大恒星从开始发育到超新星爆发的时间比较短,大约6000万年左右。

如果恒星的质量达到了15个太阳,那么它的寿命只有1000万年。因此在巨大恒星的周围是不可能有生命发育的。这就是宇宙中所有恒星演化和死亡的方式,所以恒星的质量不同,其消亡的方式不同,寿命也相差甚远。太阳已经演化了46亿年,目前正处在主序星阶段,刚好步入中年,再经历约40亿年的演化,太阳就到了红巨星阶段。那时的太阳比现今要大得多,大到可以把地球都包裹进去,地球上的温度超过1000摄氏度,地表水全部蒸发光,生物全部消失,地球表面是一片火海,根本就没有生物生存的地方。地球的这种景象听起来很恐怖,但我们不必有任何的担心,因为从现在到那时还有40亿年的时间,这么长的时间足够让我们去做准备了。在红巨星阶段之后,核聚变反应逐渐减弱,太阳演化形成白矮星。那时的太阳就如现今夜间天上一颗星星那亮,发出的热量很微弱,地球一天24小时都是伸手不见五指,气温极低,生命也是无法生存的。

中微子能毁灭地球吗

美国电影《地球2012》把人类未来命运的议论推到了风口浪尖。人们一个最大的疑问就是2012年地球真的会像电影那样毁灭吗?地球会不会被来自宇宙空间的中微子摧毁。

中微子,也称微中子,是轻子的一种,它不带电,质量非常的小(小于电子的百万分之一),以接近光速运动,它分为电子中微子、μ(缪子)

中微子、τ（陶子）中微子。中微子在穿越物质时，很少发生相互作用，在100亿个中微子中只有一个会与物质发生反应，但也只是发生非常微弱的弱相互作用，因此要检测到中微子就非常的困难，它真是来无踪，去无影。

中微子的穿透力非常强，几乎可以穿透一切物质，要穿越地球直径那么厚的物质也是轻而易举的事，即使巨大的恒星，中微子也能穿过。但铁原子核对中微子有较大的散射截面，因此如果强大的中微子束对富含铁原子核的外壳产生足够大的压力，会将铁原子核的外壳吹散，在瞬间导致铁原子核的能量猛烈释放。

地球上的中微子来源很多，大多数粒子物理和核物理过程都伴随有中微子的产生，例如核反应堆发电（核裂变）、太阳发光（核聚变）、天然放射性（贝塔衰变）、超新星爆发、宇宙大爆炸、宇宙射线等。在宇宙中充斥着大量的中微子，大部分为宇宙大爆炸残留下来的，大约为每立方厘米100个。由于中微子的穿透力强，与其他物质相互作用弱，给我们带来了恒星以及宇宙深处的信息。

对于地球来说，虽然中微子的来源很多，但最主要的来源是宇宙大爆炸、超新星爆发和太阳。宇宙大爆炸已经过去150亿年了，它所残留下来的中微子数量也就那么多了，随着宇宙膨胀，中微子的密度还会降低。

在宇宙天体中，仅次于宇宙大爆炸的天体活动是超新星爆发。超新星爆发在过去的时间里已发生过无数次了，观察到距现今比较近的一次超新星爆发是1987年2月23日大麦哲伦星云中一颗编号为SN1987A的超新星开始爆发，在地球上接收到了由这次超新星爆发产生的中微子。

地球的中微子还有一个重要来源是太阳，太阳在一系列的核反应中释放出大量的中微子，太阳放射出的中微子到达地球表面的通量约为 3.5×10^{12}（中微子·厘米$^{-2}$·秒$^{-1}$），一年内到达地球的太阳中微子的能量为 9.48×10^{24} 焦耳。这个能量是地球每年以火山、地震和地表热流等形式释放能量（约 1.066×10^{21} 焦耳）的数千倍。

虽然恒星在演化的晚期，放射出的中微子数量大量增加，但太阳还是“人到中年”，离晚期还很遥远。在记载中，人类已观察到了多次的超新星爆发，而我们的地球还是安然无恙。到目前为止，还没有证据表明哪个星球能放射大量的中微子，可以摧毁地球。

地球的未来

地球走过了 46 亿年，遇到了各种各样的灾难。这是一段艰辛的历程，也是一段不断更新、自我调节的过程。地球生命从出现延续到现在，没有间断过。

在地球的过去发生过很多重大的生物灭绝事件。如白垩纪末期的恐龙灭绝事件经历了几百万年，二叠纪末期的灭绝事件经历的时间就更长些。地球不会在一年之内被毁灭，地球过去也从没有发生过这种事。

地球的生命不会那么短暂。如果有一个巨大的小行星或彗星朝着地球飞驰而来（图88），可以把地球撞得“粉身碎骨”，依靠当今的科学技术这颗小行星或彗星早该就被发现了。而且在地球的外面还有质量更大的土星、木星，它们可以吸引闯入太阳系的小行星或彗星。

1994 年 7 月，一颗质量约 20 亿吨的彗星闯入太阳系时，被大质量的木星引力吸过去，并撕裂成 21 块彗星碎块，其中 11 块直径在 1 ~ 3 千米，它们都撞到了木星上。这次撞击的总能量达 10^{20} 焦耳，相当 5 亿颗广岛原子弹爆炸释放的能量，相当 100 次 8 级地震的总能量。如果这种撞击发生在地球上，的确是灾难性的，但好在地球的外面有多颗大行

图88 小行星撞击地球模拟示意图

星能吸引这些天体，保护了地球。

地球的气候会发生变化，海陆分布会发生变化，山川平原会发生变化，环境会发生变化，但这些变化相对于人的寿命来说都是非常缓慢的。地震会有的，火山喷发会有的，但全球各地不会在同一时间发生能把整个地球摧毁的大地震，这不符合科学规律。只要我们善待地球，与地球和平共处，地球也会善待人类。